保養，從肌本做起

跟著皮膚科醫師打造動人美肌

趙昭明 著

三民書局

推薦序——Astor 精靈系時尚 Youtuber

我看的第一本流行雜誌是VIVI（跟我差不多年紀的人一定知道，別裝了。）當時VIVI雜誌是開啟我認識美麗事物的全新世界。原來穿搭有這麼多種風格；原來電人小貓眼是這樣畫的，原來關於流行時尚、變美變漂亮，有這麼多我不知道的事。因此，我從國中開始在雜誌中學習化妝、保養、穿搭。

沒想到從前喜歡的事物，現在竟變成我的工作：在網路上分享我的美感與想法給我的小女友們。現在，每每分享保養品的時候，就會有網友問我：我該選擇什麼產品？這產品適合乾肌嗎？我都會說：先瞭解你自己的膚質，就會知道這產品適不適合你囉。少部分的網友會回覆我：可是我不知道自己是什麼膚質……，聽到這裡我真的是忍不住綜藝摔出去。

在這裡我由衷希望大家，好好看這一本書，趙醫師身為皮膚科醫學專家，在書中明確的教你如何自行分辨膚質又該怎麼保養。瞭解自己的膚況，是選擇保養品、

化妝品最根本的基礎。花一本書的錢，可以讓你少繳動輒好幾千元的保養品學費，
也會是你變漂亮的第一步。

推薦序

柳燕　美肌保養專家

關於保養，就是應該理性中帶點感性

說真的，保養這門學問說難不難，但做起來其實並不簡單，光是「清潔」這道程序，可能八個專家達人就有八種說法，常常讓消費者愈聽愈模糊、愈做愈錯，因此，本該洗出乾淨純粹的肌膚，卻常常洗成問題肌，並不是這些專家錯了，而是並非每個方法都是適合自己的。

那該怎麼辦呢？其中，最重要的關鍵就是要學會認識自己的膚質，辨別膚況，才能判斷哪些方法或哪些產品是適合自己的。

《保養，從肌本做起》是趙醫師最新力作，趙醫師用個人經驗分享正確且大家都可輕鬆做到的方法，以淺顯易懂的文字告訴大家清潔的原理及重要性，讓讀者可先瞭解自己的膚質，進而知道最適合自己的清潔方式。

市面上關於保養的書籍非常多，但大多是理性派居多，而我個人一直傾向保養品是理性，但保養這件事應該是感性的，如果所有的保養都要照本宣科、一成不變或是按照理論來進行，那保養這件事做起來一點樂趣也沒有，也會讓人失去想要變美的動力，而趙醫師給予讀者的建議都是理性中夾雜感性，讓保養或是治療皮膚的過程變得有趣。

就如同趙醫師所說，每個人的皮膚除了特殊疾病外，不然生下來應該都處於相同的起跑點，也就是沒有誰比較優勢，因此，後天的努力變得非常重要，真的就是三分天註定，七分靠努力。

已五十幾歲的趙醫師自嘲容貌並非花美男，但他的膚質卻可比那些花美男健康又年輕多了，我也即將邁入五開頭一族，也期許自己能與趙醫師看齊，好好善待、呵護我們這獨一無二的皮膚，我們並非要求皮膚變得多完美，而是應該讓皮膚變得更健康。

與大家共勉之。

序

趙昭明

每個人的皮膚天生下來除了是有先天的或遺傳性的疾病外，大部分的人都屬於正常健康的膚質，也就是說生在起跑點基本上大家的肌膚狀況是差不多的，所以大家都說嬰兒肌膚是最漂亮的，隨著生長生活環境、飲食習慣、日常作息及外界環境等，眾多因素都會影響皮膚的變化，所以瞭解肌膚，用心關愛及呵護是非常重要的，提早知道如何正確保養絕對是有益的。

皮膚的保養是一輩子的切身問題，而且皮膚的生理是一種動態的變化，隨著天候溫度的改變，不同的國家、生活作息、飲食習慣及工作環境都會影響肌膚。不同的膚質、不同部位都有不同的皮膚問題，保養的方法不同，所選的保養品也就不一樣。每個人都有不同的保養習慣，人有特性，膚質有膚性，如何選擇適合自己膚況的保養品，認識一些保養品的基本成分非常重要，保養品是保養皮膚的，安全使用、安心使用、正確使用，減少副作用及敏感也是非常重要的。

身為皮膚科醫師第一就是要把自己的皮膚照顧好，有穩定健康乾淨的肌膚才能減少皮膚的疾病。我這個男醫師雖然不帥不年輕，但我也愛漂亮。皮膚這層身體最大器官當然要照顧好，因為他就是我的門面。要讓別人看自己愈來愈健康、愈來愈年輕、膚質愈來愈好、老化慢就是人生最快樂的享受。

現在專家達人很多，也都各有精闢的理論及見解，但是如何選擇最適合自己保養的方式才是最重要的。

我的門診中採用我的方法保養的人，都有相同的體驗，皮膚都變美、變好、變年輕了，更省去許多化妝保養的時間及金錢，這是讓我最高興的事了。

這本書的目的是希望藉由親身的經驗及專業的角度，用最簡單的方法來教大家如何真正有效達到皮膚保養，極簡的保養不但能療癒肌膚，更能使身、心、靈及生活都變得自在快樂，真心希望大家在每個年齡層都能擁有健康美麗、穩定閃耀動人的肌膚。

目次

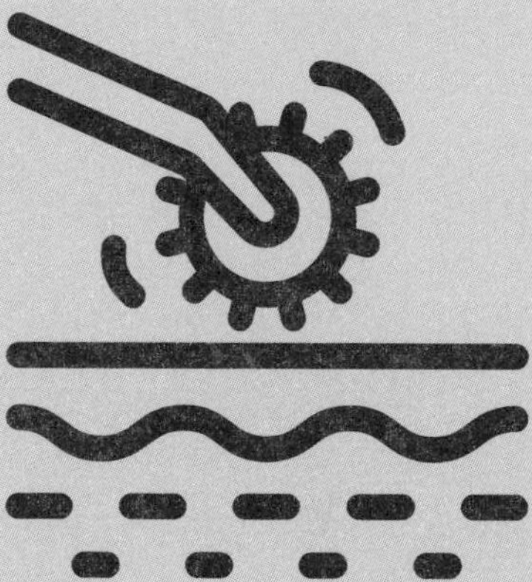

關於膚質

第一章 膚質與清潔保養的關係

1. 肌膚專家都說清潔做得好，皮膚就會好！真的嗎？

常常看到許多的人對皮膚的問題困擾不已，覺得皮膚狀況隨時都會改變。的確，皮膚不是靜態的組織而是一種動態的變化，從白天到晚上，甚至從黑夜到天明膚況都不一樣。肌膚是有「神」力的，若你不好好照顧呵護他，他就會變得暗淡無光。肌膚的力量是可以控制一個人喜怒哀樂及心境的，若是你滿臉痘花、膚色暗沉、佈滿皺紋、毛孔粗大、黑斑浮現絕對讓你超不爽的。肌膚的好壞雖和先天體質有關，但後天的保養卻佔有更大的因素。勤能補拙，肌膚雖然無法黑白反轉，但如果保養得宜肌膚也可以黑得發光、白得美麗。

什麼是膚質？

許多女性民眾常說趙醫師你的膚質真好。膚質是一個人精神及氣色的表徵，膚質是肌膚的表現，決定膚質的因素主要就是皮膚表皮角質層的水分及油脂的平衡，還有皮膚表皮的保護屏障是否受傷不健全等，因為膚質的色澤及亮度，肌膚的光滑及彈性，毛孔的粗細，肌膚的紋路及觸感，甚至肌膚的健康度及視覺上的觀感等，無非都是判定膚質優不優的標準。

但是膚質要好，表面功夫一定要做好。的確，皮膚最外層的表皮層就是扛著膚質好壞的重責大任。

我們皮膚的表皮層就像汽車的外殼，若這外殼長期風吹日曬而不去清潔、打蠟、板金、拋光保養的話，這外殼一定會沒有光澤、脫漆、斑駁、生鏽，就算是新車看起來也會像老車、舊車。所以要讓肌膚晶瑩剔透有光澤，包著人皮最外層的表皮層，當然一定要乾淨，否則藏汙納垢、堆積老廢角質，或合併身體的排泄分泌物及空氣和環境的髒物，皮膚一定會蠟黃、粗糙、長痘、暗淡無光，這樣怎麼會漂亮？唯有清乾淨皮膚表面讓皮膚呼吸，減少汙物沉澱才可使膚質變好。

2. 真無奈！專家達人都騙人，我愈清潔肌膚愈糟糕

驚！非妖即精55歲老鮮肉洗出蘋果臉

我年輕時雖然不是帥哥小鮮肉或花美男，現在已經56歲的我，在40歲時接受採訪時，標題是40歲男人洗出一張蘋果臉，40歲的男人，卻有一臉白裡透紅、光滑吹彈即破的好皮膚。保有好膚質的法門，就是勤快地洗臉，早晚兩次用清潔劑，其餘時間常潑洗清水，還有防曬，就是如此簡單。

我也是當了皮膚科醫師後，才更知道要如何照顧自己的皮膚；尤其是每日觀察門診裡的病人，發現最重要也最常被忽略的就是「好好洗臉」。第一個重點是水溫，以臉部感到不冷為原則。因此，冬天約是37度的溫水，夏天只要直接以水龍頭流出的自來水清洗即可。和大部分的男生一樣，我是屬於偏油性肌膚的混合肌，所以早晚兩次會以清潔劑洗臉，洗完後只在出門前擦上防曬乳。早晚之間，大約兩、三

個小時或覺得臉油了，我就會到水龍頭下潑水洗臉，單用自來水，什麼清潔用品都不用，洗完臉後，以毛巾把臉輕輕按摩擦乾即可。乾性膚質的洗臉次數則可以減少，如只洗1、2次。不頻繁使用清潔用品是避免過度清除油脂，反而使臉部少了保護膜。

清潔洗臉是保養肌膚的入門之鑰，很多皮膚不太好的民眾，往往是在洗臉上下的功夫不夠，可能洗臉的方法不太正確、懶於洗臉或是過度清潔，因此臉上很容易出現一些違章建築，這些族群又以年輕人及青壯年人居多。門診裡看到各式各樣的皮膚問題，很多問題都是缺乏正確的清潔方式，事實上，如果能做好清潔工作，皮膚保養就成功了一半。清潔洗臉是基本功，第一步做好，後續的保養就很容易。

清潔過度就是元凶！會對皮膚造成什麼症狀？

很多油性或痘性肌膚的人，感覺到皮膚油膩、不舒服就拼命的清潔，以為皮膚沒有油就是乾淨。其實這觀念一點也不對，皮膚表面一定要油水平衡，形成皮膚屏障，才有抵抗力。若清潔次數過度頻繁，或使用去脂力過強的清潔產品，肌膚就會感覺很乾澀、緊繃，出油量反而會愈來愈多，感覺愈洗愈不乾淨，也會造成皮膚免疫力降低，皮膚容易敏感、紅腫、搔癢、脫屑、刺痛等症狀。此外，上妝會浮粉，卸妝會卡粉，完全也是因清潔過度，導致皮膚表面油水失衡的肌膚大反彈。

造成清潔過度的原因有那些？

有些潔劑控一天多次用清潔劑清潔，造成皮膚一直受到清潔劑中化學成分界面活性劑的刺激，過度去角質或是使用不當的清潔劑，如太酸或太鹼成分的清潔劑（像肥皂就是皂鹼），或為了清潔臉上汙垢而用力搓洗、磨擦，當然這也與搓揉力道、次數有關。皮膚原本是很強壯的，但若是持續惡性循環的如此做，就會過度清潔。

洗臉，依膚質選擇清潔劑

至於該如何選擇合適的臉部清潔劑？皮膚正確的清潔方式就是：依膚質選擇合適的清潔劑，並適當的洗臉，過與不及都不好。以油性皮膚為例，最好選擇中性偏鹼的清潔劑，一天早晚2次，清潔時不同部位的搓揉力道與次數也不同，才能達到均勻清潔的效果。如T字部位較油、兩頰比較乾燥，則T字部位應多輕輕搓揉幾次，兩頰則輕揉，感覺洗乾淨即可。其他時間只要用清水、冷水，或與皮膚溫度相近的水洗臉，因此水溫最好控制在20到30度就好，以免過度清潔，洗掉皮膚外層的表皮脂膜。如果是屬於乾性皮膚，則不建議選用洗面皂，因為那會把臉上的油脂都洗掉，最好選用一般的洗面乳，如含胺基酸成分最親近膚性，我們的皮膚PH值是屬弱酸性，因此必須要選擇與膚質相近的弱酸性，比較溫和，洗得乾淨不乾澀，洗臉次數、使用清潔劑也不宜超過一天2次。

3. 習慣不清潔就是拿皮膚開玩笑？他會偷走你的年齡！

常常看到很多明星藝人分享自己不洗頭、不洗臉，即使習慣不清潔，好像肌膚也是蠻好的。其實這是不好的，因為不清潔皮膚，會累積身體內在及外在環境產生的汙物，皮膚被這些厚重的沉澱物蓋住，會透不過氣，如同烏雲蓋頂，接著會影響自然的新陳代謝，無法更新老廢角質，也無法排除皮內毒素，更無法吸收外界滋潤養分。

皮膚要呵護，皮膚更要靠「養」，否則會使皮膚變得脆弱不健康，臉上也會出現暗沉粗糙的膚質，未老先衰且會加速老化。

膚質檢測一定要用儀器嗎？

許多民眾常問我他們是什麼膚質？需要買膚質檢測儀才能知道自己的膚質嗎？其實市面上有許多膚質檢測的美容儀器，但是都只能當做參考，並非絕對準確。然而，比起依賴機器的參數，其實更有效及直接的方式，就是讓肌膚自然呈現它的真實模樣。在沒有儀器的情況下，也能輕鬆大概認識自己真正的膚質。

自我膚質檢測，不求人，自己看自己

千萬別錯亂！人有特性膚質有膚性

全身的肌膚從頭到腳可以分為乾性、油性、敏感性三種，而我們最重視的臉部又多了兩種：中性、混合性膚質。肌膚在不同季節也會有不同表現，要讓肌膚呈現原始真正面貌，你只需要做一件事：晚上洗完臉後，不要擦任何的保養品，並觀察

隔天早上肌膚的狀況。臉部的T字部位（額頭、鼻子、鼻翼兩側、下巴）、前胸、後上背都屬於皮脂腺分泌旺盛的地方，可以著重觀察。

對於自己肌膚如何掌握？正所謂知己知彼百戰百勝，沒有沒用的保養品，只有用到自己不適合、不會用的產品。忽略了自己真正的需求，追根究底就是不了解自己的膚質，花錢當冤大頭，自願當「白老鼠」。使用各種保養品效果都不盡滿意，到底問題出在哪裡？

來吧，follow 以下簡單的小檢測，仔細地觀察自己的肌膚。我們的肌膚是有生命的組織，會因環境、季節、時間、情緒起伏而有所改變。而在不同的情境下皮膚的動態變化，可以顯現出你當下的肌膚狀況，再由皮膚的表徵選擇適合你的保養品，就比較不會有問題了。

在肌膚檢測方面，個人還是比較喜歡歸納為五大膚質，影響五大膚質的種種因素是會改變的。而五大膚質保養不當就會變成老化肌膚，所以只要能瞭解五大膚質的特性，再對症下藥，保養方針就八九不離十了。

4.如何檢測自己的膚質

(1)油性膚質

整臉都有油膩感，你是屬於「油性肌」

主要標準：

1.覺得膚質厚硬、紋理粗、毛孔粗大、無透明感。

2.毛孔容易阻塞形成粉刺、青春痘等病變。

3.容易上妝，也容易脫妝。

4.洗臉老是覺得洗不乾淨。

5.洗完臉後一小時內皮膚會很快出油，而且油光滿面。

6.喜歡用洗淨力強的清潔品來洗臉。

7.頭髮容易出油，會顯得黏黏溼溼的，頭皮看起來很油亮，幾乎每天都要洗頭。

次要標準：

8.老是覺得有髒東西黏在臉上。

9. 老是感覺臉上會癢而且有東西在爬。
10. 脖子及前胸、後背容易長痘痘。
11. 在全臉有時可看見許多膚色到偏黃色、凸出但中央凹陷的小肉瘤，就是皮脂腺肥大的現象。
12. 容易因為荷爾蒙的變化而導致面皰或問題肌膚。

分析：以上有超過五個選項符合，就可能為油性肌膚的候選人；超過八個選項符合，則是油性肌膚的當然人選。

(2) 混合性膚質

T字部位與臉頰出油狀況不一致，你是屬於「混合肌」

主要標準：

1. 洗完臉後一小時內T字部位容易出油。
2. T字部位毛孔明顯、皮脂分泌旺盛，容易出油，且容易長粉刺、青春痘。
3. 臉頰、嘴唇及眼睛四周，卻缺乏油脂水分，因乾燥而產生細紋。

4.額頭及T字部容易搔癢、脫屑及出現紅斑。

5.頭皮容易有厚重頭皮屑及紅色疼痛小疹子（毛囊發炎）。

6.耳朵及脖子容易搔癢、脫屑。

次要標準：

7.臉頰兩側容易有微血管擴張及黑斑形成現象。

8.在化妝三個小時後額頭、鼻頭、鼻側有浮粉、脫妝現象，其他部位則還好。

9.吃辛辣、喝酒、熬夜及壓力大時臉部容易出現紅斑搔癢、脫屑現象。

分析：以上有超過四個選項符合，就可能為混合性肌膚的候選人；超過七個選項符合，則是混合性肌膚的當然人選。

(3)中性膚質

整臉不油不膩，你是屬於「中性肌」

主要標準：

1.洗完臉後，皮膚不會覺得很乾澀、緊繃。

2. 皮膚的紋理看來細緻，有柔嫩感。
3. 皮膚在夏天並不會嚴重出油。
4. 皮膚在冬天並不會感到很乾燥。
5. 皮膚比較不會搔癢、脫屑及過敏。

次要標準：

6. 容易上妝、定妝，且不容易脫妝。
7. 偶而長一、二顆痘子而且很快消失。
8. 膚色正常、皮膚光滑有彈性，並不容易受溫差影響。

分析：以上有超過四個選項符合，就可能為中性肌膚的候選人，超過六個選項符合，則是中性肌膚的當然人選。

(4) 乾性膚質

臉部乾粗有緊繃感，你是屬於「乾性肌」

主要標準：

1. 洗完臉後，總是覺得很緊繃，摸起來還粗粗的。
2. 在上妝後臉部看起來沒有光澤、暗沉也不亮麗。
3. 上妝後粉底容易產生裂紋，看起來不服貼的樣子。
4. 每次洗臉後，都會明顯地覺得皮膚繃緊。
5. 皮膚比較會有搔癢、脫屑的現象，尤其在溫度較低時。
6. 夏天時也感到皮膚不會出油，臉部乾澀、緊繃。

次要標準：

7. 臉部常有細紋形成，尤其魚尾紋更明顯。
8. 顴骨處乾燥，易有缺水及斑點產生。
9. 曬太陽太久皮膚會覺得刺刺的。
10. 在身體部分，四肢會有乾燥粗糙、脫屑搔癢的現象。

分析：以上有超過五個選項符合，就可能為乾性肌膚的候選人，超過八個選項符合則是乾性肌膚的當然人選。

▸不同膚質在不同時刻的狀況

膚質／時刻	油性肌	混合肌	中性肌	乾性肌
洗臉後	一小時內出油	T字部位容易出油	光滑不乾澀	緊繃、粗糙有細屑
上妝	易上妝也易脫妝	兩頰浮妝不均昀	服貼不脫妝	浮妝不均勻
夏天	毛孔粗大、無透明感	T字部位毛孔粗大	細緻、有柔嫩感	敏感容易長斑
冬天	不乾澀、不油膩但有時會內油外乾	T字部位搔癢、脫屑及產生紅斑	不乾澀、微乾但不脫屑	搔癢、脫屑及產生細紋

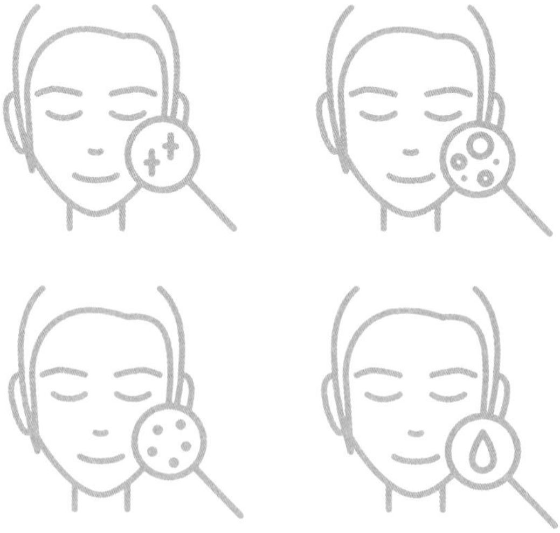

(5)敏感膚質

臉部容易紅腫及搔癢，你是屬於「敏感肌」

主要標準：

1. 季節交替或室內外溫差過大時，臉部會產生搔癢現象。
2. 當換用不同品牌的化妝品時，皮膚常會有發癢或熱感甚至發炎。
3. 不明原因臉部常容易有發紅、灼熱感。
4. 使用較強的清潔品來洗臉時，都會明顯地覺得皮膚緊繃、乾燥。
5. 使用保養品時，很容易產生小紅疹。

次要標準：

6. 遇熱或曬陽光時，臉部常容易發紅。
7. 肌膚常容易暗沉及有黑色素沉澱。

分析：以上有超過四個選項符合，就可能為敏感性肌膚的候選人；超過六個選項符合，則是敏感性肌膚的當然人選。

其中敏感肌可能會伴隨出現在其中任何一種肌膚裡，如乾性＋敏感肌、混合性十敏感肌或油性十敏感肌。敏感肌又區分為疾病方面所引起的敏感，或非疾病所引起的敏感。過敏體質或其他內在性疾病，例如異位性皮膚炎、脂漏性皮膚炎、糖尿病或肝、腎功能不好、先天免疫功能失調的病人都是屬於疾病所引起的肌膚敏感。

如果本身沒有疾病的問題，卻因為外在因素形成肌膚搔癢、脫屑等敏感狀況，是屬於非疾病造成的敏感肌。不管是哪一種因素造成的敏感肌，都會在季節交替、溫溼度變化大的情況下適應不良，肌膚搔癢、輕微脫屑，甚至紅腫等情形。雖然這些狀況可能是暫時性的，但皮膚不舒服的感覺就像有小蟲子在臉上爬一樣，十分難受，如果再加上過度刺激或用錯保養品，會讓症狀更嚴重。

(6)老化肌膚

臉部容易產生細紋及斑點，你是屬於「老化肌」

1. 肌膚看起來比以前薄些。
2. 肌膚較同年齡者缺乏亮麗光澤。
3. 肌膚細紋明顯，肌肉線條下垂。

4.屬於偏乾性肌膚而且比同年齡者更早出現細紋。
5.膚色較之前暗，肌膚觸覺不光滑而感到粗糙。
6.肌膚出油量變少，含水能力也變差，感覺較為乾燥。
7.肌膚比以前容易受環境病菌感染，也容易色素沉澱。
8.頸部肌膚的顏色比較暗沉且有鬆弛現象。
9.用手按壓肌膚感覺肌肉比較軟、彈性度較差。

分析：以上有超過四個選項符合，就可能為初期老化性肌膚；超過七個選項符合，則是嚴重老化性肌膚的當然人選。

任何類型肌膚的不當保養都是肌膚老化的開始，皮膚的水分、油分、毛孔大小、彈性、色素沉澱、粗糙等現象都將失調及惡化，所以不可不慎！

肌膚是人體的一面鏡子，皮膚的色澤好壞、彈性與光亮度、細緻感一直是大多數愛美族的煩惱。健康而年輕的女性，皮膚是光澤、細膩，十分美麗的，但是也有些人無論如何按摩、敷臉都無法改善肌膚不良的情形，往往便會給人留下未老先衰的印象；反之，有些人的實際年齡雖不年輕，但因皮膚細膩，看起來年輕了10歲甚至２０歲。為何會產生如此強烈的差異呢？事實上，就是無法明確認識自己肌膚的特性以致保養錯誤，因此影響到皮膚的好壞。

總而言之，由皮膚便可看出一人的生活形態及保養正確與否，故皮膚不好的問題實非僅限於皮膚表面而已，它包含了個人對自我肌膚的重視以及愛護的程度，所以，對於自己肌膚狀況如何掌握及檢測，是值得注意和深思的。

關於清潔

第二章 全身肌膚清潔

1. 保養一定要先清潔嗎？清潔不足加速皮膚老死

我們常常會不知不覺就忽略了皮膚清潔的重要性，就算知道要清潔，也會最重視外表看得到的臉部。但是，全身肌膚從頭到腳的清潔都是非常重要，其實無庸置疑，清潔就是最大的保養，是保養的第一步也是入門。肌膚沒有做到真正清潔或不去清潔，那就不只是美觀的問題，而且肌膚一定會生病。

肌膚的健康代表人的精、氣、神，美麗來自健康的肌膚。從頭的清潔開始到臉、頸、軀體、四肢、手腳甚至私密處都需要適度清潔。清潔不只可以幫助肌膚洗去分泌的油脂汙垢，還能夠幫助角質新陳代謝。皮膚清潔做好了，可以使肌膚毛孔通暢、皮膚光亮、體味清香、觸感良好，在後續的保養上更能達到吸收的作用，妝效也會更服貼。

2. 不清潔又如何？為什麼要你來教的基本觀念

清潔身體真正最主要的目的是維持皮膚健康，相對地，清潔要是沒有做好，可能會阻塞毛孔而導致青春痘的形成，或是因為角質過度堆積而使肌膚顯得黯沉沒有光澤，甚至有黑斑的產生。如果清潔沒有做好，後續的保養，不管是保溼、抗老化、美白，效果都不會好。同時，肌膚表面的汙垢沒有清潔乾淨，反覆累積，還會使細菌或其他病原菌大量孳生，造成皮膚過敏、溼疹性皮膚炎、黴菌感染、長癬等肌膚疾病百生。尤有甚者，頭皮不清潔、蓬頭垢面，導致頭皮發癢、掉屑、發炎、紅腫、造成毛囊萎縮，可能會掉髮、禿頭。

但有些人就是不太愛清潔身體，認為不清潔又不會死，但是長期下來皮膚免疫力會降低，表皮的自然防禦力也會退化，皮膚細胞激素分泌的抗炎能力也會減少，一旦肌膚藏汙納垢，久而久之細菌深部感染，嚴重者不死也會去掉半條命。

清潔劑對人體是否友善？

清潔劑是讓身體髒物清除最重要的利器，除了頭臉之外，身體的清潔用品也和我們的健康息息相關，因為是每天的長期使用，所以必須注意這些含有非天然物質的清潔劑對身體的影響。

在身體的清潔劑中常含有的成分有石化原料，如直鏈式烷基苯磺酸鈉／十二烷基苯磺酸鈉(LAS)、硫酸月桂酸鈉／烷基硫酸鹽／月桂醯醚硫酸鈉／十二烷基硫酸鈉／月桂醇硫酸酯鈉 Sodium Lauryl Sulfate (SLS)／聚氧乙烯月桂醇硫酸鈉／月桂醇聚乙二醇醚／Sodium Lauryl Ether Sulphate (SLES) 等，這些成分的作用主要是界面活性劑，破壞、降低水與油脂之間的表面張力，扮演起泡及去除油汙的角色。對人體產生的影響為直接接觸到皮膚時，會帶走保護皮膚表層的油脂與溼氣，使皮膚乾澀而導致敏感性肌膚與過敏現象，並可能引發溼疹、皮膚炎等皮膚疾病。還有一些合成香精，作用主要是添加香味，但是也容易增加皮膚負擔，對皮膚造成刺激，敏感性肌膚的人更可能引發皮膚炎。所以，身體的清潔劑中含有愈多的石化原料、香

精及防腐劑，甚至禁止添加之添加物，就容易導致皮膚過敏、引發皮膚炎。

真正好的清潔產品中，會含有比較少的使皮膚過敏的石化原料及其衍生品，並盡量減少功能性的訴求，這樣長期使用才比較安心。

步步驚心！要清潔要安全，經皮毒無孔不入

全身天天都要使用清潔產品，皮膚一直接觸清潔劑，這個人體最大的器官不斷的接受化學原料、石化成分的刺激，若是皮膚表皮抵抗力不夠，皮膚屏障受損，不但病從口入，還會經由皮膚慢性累積，滲入體內的毒素更是現代人不可輕忽的毒害問題。

生物科技的進步，給我們帶來更多采多姿及光鮮亮麗的生活，但也有許多負面的結果！尤其是貼身的皮膚清潔保養用品，例如洗髮精、清潔劑、化妝品、保養品等，為強調潔淨力強及特殊功效幾乎都含有合成的石化界面活性劑、防腐劑、人工香精或塑化劑等化學成分，容易產生經皮毒。雖然少量接觸表面上暫時沒有太大影響、不足危害，但若長期接觸，毒素累積到一定量就容易造成皮膚過敏及致癌危機。

所謂的經皮毒，就是經由皮膚表皮進入體內，產生毒素引起細胞病變，導致疾病或癌症的化學毒物。尤其長期都用在全身皮膚的清潔產品。一般來說，由於肝臟具有解毒排毒功能，因此經由嘴巴吃進肚子裡的毒素，90% 以上都可以經由腸胃吸收並經過肝膽分解；但經皮毒卻剛好相反！雖然部分透過皮膚進入人體的毒素，會儲存在皮下組織尤其脂肪組織，但大多都會從皮下組織的血液、淋巴液進入體內循環，進而造成體質改變如皮膚過敏、紅腫、發癢、青春痘、男性女乳化、男性精蟲數減少等。經皮毒吸收最厲害之部位是人體最脆弱的生殖器官，吸收倍率可高達42倍，所以使用在會陰生殖器部位的清潔劑要特別注意，因為毒物會藉由胎盤、臍帶傳給胎兒，導致胎兒出生後容易有多種病變，是一種慢性中毒。

病從皮入所造成的體內健康問題非常可怕，並不是一朝一夕馬上就可以看見，除了立即性過敏外，嚴重反應大多都是長期接觸後，導致體內不斷累積，殘留一定濃度的化學劑量所致。所以使用保養品、化妝品、洗面乳、洗髮精、沐浴乳等的體外用品，最有效預防經皮毒的方法還是選擇成分比較天然、添加化學物質較少的產品。

案例解析

(1)頭皮清潔

頭皮屑滿天飛，不洗頭掉髮如化療？

才剛考上大學的小麗很傷腦筋，之前為了大學考試天天挑燈夜戰，常常沒時間洗頭，當時就發現頭皮有紅疹現象，連頭皮的邊緣也都紅了一圈，而且頭皮屑愈來愈多，頭皮也愈來愈癢，有時不自覺抓頭皮，頭髮就掉了一大把，每天夜深人靜對著鏡子看到日趨減少的頭髮，就掉下傷心的眼淚。洗頭時也發現排水孔幾乎被頭髮堵住，吹頭髮時頭髮更是掉了滿地，聽朋友說常洗頭會掉頭髮，嚇得她都不敢洗頭髮，怕愈洗愈掉變成禿頭。已經連續兩星期沒洗頭，頭皮又癢又長痘子，頭皮屑愈來愈多，頭髮油膩、黏得比油條還多油，一天起床發現枕頭上有大量頭髮，都快成了化療病人掉髮的樣子，自卑的都不敢出門，也不敢交男朋友，媽媽看了很心疼趕快帶來就診。

病例分析

想有健康秀髮，頭皮清潔很重要，因頭皮分泌的油分就是一種毒素，含有不好的自由基，可能破壞毛囊，一旦阻塞毛孔還會產生刺激成分。但清潔頭皮也不是洗到完全沒油脂，應適度清潔避免長痘痘、毛囊萎縮。根據門診觀察，年輕族群掉髮趨勢呈現2倍數增長，除基因遺傳外，時下年輕人又因壓力、飲食、生活型態的改變，導致掉髮問題越來越嚴重，小麗因考試壓力大造成脂漏性皮膚炎，頭皮的皮膚免疫力不平衡常常發癢、發紅、脫屑，因為脂漏性皮膚炎是一種油脂分泌異常的疾病，脂漏性皮膚炎的患者在冬天皮膚往往會很乾，但是夏天頭皮則容易油膩，尤其是氣溫每升高1度，皮膚出油度就會增加2%，所以夏天的時候，即使患者天天洗頭，還是常常會看到頭皮黏呼呼的，黏著厚厚的「病態性」頭皮屑，而且一股油臭味，讓人不想靠近。但若是「病態性」的頭皮屑，不去清潔乾淨，長期下來頭皮發炎就會造成掉髮，所以除了生活作息及飲食改善外，頭皮清潔是很重要的關鍵。

常戴安全帽，清潔不力，妙齡女郎險禿頭

28歲的上班族Olivea，長髮飄逸但是屬於油性髮質，平常出油量就很多，頭髮也常常黏呼呼的，平常都是盤髮所以也不感覺油、髒，因為工作繁忙又常常很累，所以很少洗頭，但原來只有一點點的頭皮屑，現在不但變得很多，而且會溼黏地沾著頭髮並且非常癢。有一次連續兩星期沒洗頭，加上為了省錢、省時間，平時她都用機車代步，最近天氣太熱，安全帽一脫下來，頭髮就被汗溼得好像剛洗完頭一樣，又散發著一股油蔥味，正值愛漂亮年齡的她，也常因為這樣被取笑，讓她非常難堪。沒想到最近頭皮屑更變本加厲，不僅頭皮嚴重發炎，而且也開始掉髮，頭髮掉下來時也會沾著黏黏的頭皮屑，Olivea擔心會變禿頭，趕快求助醫師。

病例分析

一般機車族常戴安全帽（尤其全罩式的安全帽），容易造成頭密不通風，若是油性膚質又是長髮的人，如果沒有常常洗頭及安全帽，就容易造成頭皮出油

過多，阻塞毛囊頭皮發炎，頭皮紅腫、疼痛搔癢，久而久之就會有細菌、黴菌感染，頭皮屑變多及不正常掉髮增加的問題，雖然頭皮炎不是禿髮的主要因素，但是反覆性頭皮發炎的確會影響毛囊造成掉髮，所以機車族的頭皮清潔非常重要，尤其夏天時溫熱的氣候更容易使頭皮出油、出水，每天洗頭是絕對必要的。

洗頭隨便沖兩下，嫩男25歲變禿頭

25歲的小寬帥氣有型，是大家公認的帥哥，因工作壓力大又時常應酬熬夜，每次回家幾乎累到倒頭就睡，為了節省時間，洗頭時經常抹完洗髮精、隨便沖兩下，頭皮頭髮還沒洗淨、吹乾就了事，加上他平時喜歡上髮膠、作造型又常戴安全帽，整個頭皮長期悶著出汗出油，日前突然發現頭皮狂冒痘痘，紅、腫、熱、痛、如同釋迦牟尼頭而且癢得不得了，並且漸漸開始掉髮，東禿一塊、西禿一塊，頭皮一夕之間如同風雲變色、山崩地裂，帥氣有型的髮型塌陷崩垮，原本自信滿滿愛面子的他頓時不敢見人，趕快跑來求診。

病例分析

雖然有洗頭但是洗髮精沒沖乾淨，長期下來導致頭皮發炎、毛囊受損而禿髮。所以頭皮清潔一定要到位，確實洗、確實沖乾淨，頭皮最怕髮膠、髮油及清潔劑滯留在上面，長時間沒清洗乾淨，累積大量殘餘物就會造成頭皮刺激，形成過敏接觸性皮膚炎及毛囊炎，所以頭皮清潔不可隨便，有做沒到反而對頭皮傷害更大，一定要徹底將頭皮清洗乾淨。

(2) 臉部清潔

防曬油卸不乾淨！小心冒痘成大花臉

27歲的Olay是一很注重防曬的OL，但晚上回家因為疲累，習慣沒卸妝、沒洗臉便倒頭就睡，睡醒後才做清潔。每到夏天太陽毒辣辣，愛美的她上街就會打傘、戴太陽眼鏡、穿小外套，更沒忘記擦防曬油，特別還使用高係數SPF50、PA+++以上，還有防水功能的防曬油保護，也會將防曬油帶在身上隨時補擦。本以為防曬萬無一失，皮膚應該很好才對，但是臉上、頸背的痘痘卻是長不停，而且整個夏天愈做防曬情況愈嚴重。剛開始只長有粉刺，後來開始冒紅紅腫腫的痘痘，接著變成又疼又痛的囊腫，成為大花臉，讓一向自信的她變得很自卑，只好整天戴口罩，最後跑來求診。

病例分析

對一般油性膚質，或痘性膚質民眾，晚上回家一定要卸妝，使用防曬也要非常注意。一般來說，高係數防曬使用起來可能會比較油，也比較容易造成皮膚阻塞。很多人在使用後只是以洗臉、洗澡的方式清潔，這麼做可能還不夠，特別是SPF50、PA++以上，且有防水功能的防曬油，因為容易堵塞毛孔，應該要先徹底卸妝再洗臉，並用清水洗乾淨，而且要用卸妝油、卸妝乳才有效，而較為清爽的卸妝水，因界面活性劑不夠強，容易有殘留，可能會沒卸乾淨，讓油性肌膚出現痘痘一直長的狀況。

9成民眾都是沒卸妝只洗臉，沒做好清潔工作，認為：「身體基本上皮膚比較厚，所以使用防曬之後，只要做適當清潔、搓一搓，就可以使這些防曬產品清潔掉。」夏天不想變成豆花臉，面子可要好好顧，有用高係數防曬產品，就一定要先卸妝再適當清潔。

(3) 身體清潔

① 汗斑、黴菌問題

皮膚變花如小鹿斑斑

一位16歲的國三男生，從會考結束後，每天四、五點都在大太陽底下打籃球，汗乾了又溼、溼了又乾，一個星期後，臉部、頸部、上背部竟然出現粉紅、咖啡、白色塊狀斑塊，還有輕微搔癢感，趕緊到皮膚科就診，確診為汗斑。臺灣夏季天氣悶熱，在大太陽下活動馬上汗流浹背，不少人因此長出汗斑。汗斑又稱為花斑或變色糠疹，因皮膚悶溼，造成皮膚上的皮屑芽孢菌增生所形成。流汗後盡快擦乾，可改善病況。

病例分析

汗斑學名應為「變色糠疹」，分為急性期、緩和期與穩定期，急性期恐紅腫，緩和期會呈現咖啡色，穩定期則會有白白的脫色，全身上下都可能出現，以脖子、臉部、腋下或背部最常見。汗斑的成因主要是人體皮膚長時間處於潮溼、悶熱的環境中，導致皮膚表面上的皮屑芽孢菌大量繁殖，誘發發炎反應產生。

汗斑一年四季都可能發生，雖然容易治療，但是也容易復發。預防之道是保持皮膚乾燥、通風及有良好的衛生習慣。由於汗斑主要是因流汗出油，加上衣著悶溼不透氣，造成皮屑芽孢菌增生，因此建議流汗後要盡快把汗水擦乾或沖澡。

想要預防汗斑上身，必須做好自身肌膚清潔，不讓皮屑芽孢菌大量繁殖非常重要！

身材豐滿、肥胖黴菌喜歡找上門

Sandy是一名18歲的女大生，身高約160公分、體重85公斤，身材比較臃腫肥胖，且平常出汗量大，若是天熱溫度高時更是汗如雨下，尤其胸部豐滿下垂，形成與身體腹部的相連死角，常常黏黏溼溼的。Sandy為了要減肥就拼命的運動，想達到大量流汗和加速新陳代謝，所以運動時身體就包的密不透氣，每次運動完就如同泡過水的海綿，非常潮溼。由於運動後非常疲累，就都沒有立即清洗，讓皮膚自然晾乾，倒頭就睡。不久她發覺胸部乳房下方，一直延續到靠近腋下、背後出現大片搔癢的紅色斑塊，甚至有輕微脫屑現象，而且面積愈來愈大，非常尷尬，並且胸罩上也出現黑點，嚇得她不知所措趕緊就診。

病例分析

為什麼黴菌總愛找上我？溼熱不透氣，清潔做不好是主因。

Sandy運動穿著緊身衣又大量流汗，沒有立即清潔擦乾，導致皮膚長期浸潤在潮溼環境，不但皮膚長黴菌，連內衣也長黴菌，完全是因清潔不當而造成的身體感染，不可不慎。女性也別忘了注意乳房健康，建議選擇材質透氣的胸罩，並且確實清潔與陰乾，還要維持理想體重，讓乳房與乳頭遠離黴菌侵襲！

許多女性都有共同的經驗：私密處搔癢又有異味，只能乖乖擦藥和吃藥，好不容易治好了，過沒多久卻再度感染！

天氣悶熱、穿著太緊身或不透氣的衣物，以及生理期時未經常更換衛生棉，都是女性私密處和胯下感染黴菌的原因。夏季氣溫一天天攀升，因黴菌感染而來就診的患者增加了許多，感染部位又以胯下最為常見。

女生更須注意清潔！事實上，女生容易受到黴菌軍團攻擊的部位不只陰道和胯下，腋下、乳房下方、雙腳也是好發部位。由於腋下容易流汗，如果沒有常清潔和及時更換乾爽的衣物，黴菌就容易在潮溼的腋下孳生。

另外，由於女性長時間穿著胸罩，加上有些女生乳房下垂，就容易導致乳房下方因悶熱而感染黴菌。最後，雙腳的黴菌感染就是大家最熟悉的香港腳，大多是因為長時間穿著包鞋，不透氣的結果。

想要遏止黴菌惡勢力來襲，保持外在的清潔乾燥很重要，但是體內的抗菌力也不可忽略！

②氣味問題

減輕體臭，腋毛除淨、徹底清潔

30歲男性老外Jason，身高185公分高大帥氣，非常愛運動，但身體總有一股味道，尤其天熱難耐時，不論在室內或戶外，一流汗就會發出難聞的酸臭味，動輒汗流浹背，體臭、汗臭、狐臭掩不住，汗臭夾雜著體臭，讓人忍不住想躲開。若在密閉空間裡，那種令人不悅的體味陣陣飄散，總會讓人敬而遠之！再帥的帥哥也因而遜色不少，甚至讓人掩面躲避。最近常常有朋友或同事暗示他身上有某種異味，甚至女朋友也不太愛和他親近，令他難堪又尷尬！所以他就常常使用止汗劑、體香劑降低出汗量和改善氣味，然而效果並不好，過多的香水噴灑在腋下，味道和狐臭味道融合，反而造成更不自然的氣味。這種五味雜陳的味道愈來愈嚴重，讓他的朋友愈來愈少，人際關係退縮，女朋友也因此和他分手，令他痛苦不已只好來就診。

病例分析

炎夏多汗，體臭、汗臭不洗淨會嚴重影響人際關係，而且臭味會累積滲透在衣物上，所以，本身體味較重的人，可以剃除腋毛，並減少吃口味重的食物。此外，身體的清潔也很重要，人體有大汗腺和小汗腺，小汗腺分布全身；大汗腺則集中在腋下、會陰等處。汗臭和體臭大多數是因為小汗腺分泌的汗水與油脂過多，沒有及時擦乾或換洗，於是被身體的細菌、黴菌分解，逐漸產生氣味。另外，若身體的大汗腺分泌太過旺盛，由於其分泌物蛋白質含量較高，加上身體的乳酸、角質、皮膚表面的細菌混合分解後，會形成味道較濃又特別重的酸臭味。要消除體臭、汗臭、狐臭，就是要徹底清潔、多洗澡、擦汗，以保持身體的乾爽，即可減少身體的臭味產生。

③腳部清潔問題

雙腳不淨、鞋子不脫，成蜂窩組織炎

門診中一名35歲的單身男性工程師，平常工作經常需要加班，鞋子往往穿了一天都沒有脫下來，也不透氣，襪子更是一星期才換一次。他本身就是屬於腳容易出汗的人，加上一遇到下雨，腳經常處在悶熱潮溼的環境，洗腳也只是隨便把腳沖一沖，趾縫常常沒洗乾淨，也不擦乾，造成發癢、脫皮、皸裂，而且因搔癢常用力摳腳造成紅、腫、熱、痛，最後產生腐敗惡臭才趕緊就醫。

病例分析

腳是俗稱人的第二心臟，保持腳的清潔乾爽是避免黴菌滋生的關鍵。因患者偷懶、清潔不當，得到香港腳劇癢搔抓，造成續發性細菌感染變成蜂窩組織炎。平時容易流腳汗的人，最好能挑選透氣的鞋款，以及穿吸汗的棉質襪，也可多帶一雙襪子更換。平常最好避免每天都穿同一雙鞋，應交替輪流穿。

④私密處問題

汗腺炎作怪，空姐陰唇長痘化膿

一名25歲的空姐Lili因工作關係，時常全球到處飛行，作息不正常，導致生理時鐘大亂，而且一直要穿絲襪，有時超過一整天都無法更換，悶不透氣，清潔更是無法徹底。一年前發現自己的右邊外陰唇開始出現痘痘，甚至還會化膿，有時候還會比左陰唇腫大快一倍，常常半夜會痛醒，讓她幾乎跟男友「性」致全無，以為羅患性病，而且常常在月事來潮期間，因荷爾蒙變化，加上免疫力降低等因素，病況更惡化。

病例分析

女性大汗腺位在腋下、會陰、乳暈等部位，一旦汗腺出口遭汗水溶解的角質堵塞，就會產生異味，若是清潔不當，感染堵塞嚴重，就有可能發生發炎、化膿等症狀。所以外會陰部的清潔對女性非常重要，此處若曾感染就容易重覆發生。這位空姐經過適當清潔、勤換絲襪，並給予口服A酸與外用抗生素後，病況已改善。

陰囊蛋蛋不清潔，發腐味、長溼疹

24歲的年輕男子Jack，因為喜歡穿著緊身牛仔褲及小內褲，加上愛運動又不喜歡洗澡（常常兩三天才洗1次澡），陰囊長期悶熱、潮溼，不幸罹患陰囊溼疹。一開始男子只是覺得下體搔癢不適、一直抓，後來逐漸發出如食物腐敗般的臭味，過了兩週後到門診求助，醫生發現他下體潰爛，罹患了陰囊溼疹。

病例分析

陰囊溼疹是一種皮膚的炎症，好發於夏季，5月至9月是高峰期，尤其以7、8月最嚴重。潮溼、悶熱是導致陰囊溼疹最重要的因素，好發族群為青壯年，喜歡穿緊身和不透氣褲子、愛運動常流汗、喜歡洗熱水等的人，避免的方法建議從生活習慣改變，保持下身清潔乾爽做起。

不愛洗、用偏方！黑肉底澆「漂白」偏方，24歲女私處燒焦了！

天生黑肉底，乳暈、乳頭以及私密處怎麼樣都「粉嫩」不起來，一名24歲年輕女性上班族 Judy 常穿緊密性感不透氣小褲褲，因為擔心被男友嫌棄，誤會私密三點之所以顏色暗沉全因為性經驗豐富，竟聽信來路不明的偏方，拿漂白水來漂白。一開始塗抹乳暈還沒異狀，沒想到移往胯下時，只覺一陣刺激劇痛，忍了二天後已發炎糜爛。

該名女子其實面容姣好，外在條件傲人，也交了帥氣的男朋友，偏偏私處的顏色特別深，令她倍感自卑，想漂白又不好意思開口問人，這才異想天開把腦筋動到了漂白水身上。用漂白水塗抹私處時，女子當下已是一陣劇痛，但羞於就醫，前後足足忍痛了二天，受不了就醫時，私密處彷彿「燒焦」一般，已經發炎、糜爛，所幸用藥治療消炎，一週後恢復。

病例分析

乳頭的顏色怎麼不是粉紅色？妳是不是性經驗很豐富啊？事實上，這是不少男人偏執的迷思，讓不少女性苦於追求漂白，門診尤其常見有２０出頭年輕女性上門，開口就要求還乳暈、乳頭及私處粉嫩本色。

這些私密地帶的顏色多由天生體質決定，與性經驗無關，更不是揉出來或使用過度，站在醫師立場，根本不需要刻意去處理、美白，萬一不小心只會弄巧成拙。過去就有女性用酸類保養品嘗試美白，結果反造成過敏性的色素沉澱，一塊白、一塊黑。若真有意要淡化顏色，確實有些專用的保養品、美白產品可以使用，或者可以求助雷射，淡化色素。如果擔心摩擦造成色素沉澱，貼身小褲褲不管材質再好，也不要過度合身，以免勒太緊導致過度摩擦，甚至在褲痕邊緣產生暗沉及色素沉澱。當然最主要的還是要常清潔、洗香香、保持乾淨，皮膚自然會亮白。

口愛遭嫌滿嘴毛，男剃「無毛雞」不清潔卻冒膿

嘿咻口愛時，老搞得女方「滿嘴毛」而頻頻喊停、抱怨連連，相當掃興。20出頭的年輕男性乾脆手起刀落，把私處剃成「無毛雞」，以為一勞永逸，沒想到卻因為剃太用力，刀具又不乾淨，加上悶熱潮溼又不常清潔，私處竟狂冒一顆又一顆蓄膿的爛痘子，睪丸陰囊無一倖免，褲子一脫反倒嚇壞另一半以為染性病。

男子就醫時，自己也嚇壞了，擔心是不是染上了皰疹，其實全是剃毛不當而且又不常清潔引發發炎性毛囊炎，只要耐心吃藥、擦藥消炎，約一週即可痊癒。

病例分析

修剪、剃除陰毛，不再是女性專利，有越來越多20至30歲年齡層的臺灣年輕男性，因為性生活活躍，為了美觀或衛生，甚至追求讓自己看起來尺寸更雄偉，不再埋沒於荒草堆中，而勤於剃陰毛，但剃陰毛若不洗乾淨反而事倍功半。然而不像女性多半以雷射除毛，這些男性絕大多數都靠自己來，利用隨手可得的刮鬍刀、安全刀片「除草」，萬一不小心，清潔做的不到位，便容易發生發炎感染。

動手刮除陰毛之前，最好用肥皂或刮鬍泡潤滑該處，再一口氣刮乾淨，事後可再用酒精擦拭，然後徹底沐浴清潔。男性修整陰毛，要刮就乾脆刮光光！因為若只是剃短，沒太大意義，反倒叫對方或自己都感到「刺刺的」不舒服。當然最主要的還是要常清潔、洗香香、保持乾淨才是王道。

3.清潔的步驟有葵花寶典？專家各有獨門功夫！

人的第一張臉

洗臉嘛！一張小臉有何困難？就是洗好、洗滿、洗乾淨，別搞太複雜，但門診中很多的民眾卻都有洗臉的困擾。說起來很簡單，可是很多人就是怎麼洗都不對，好像搞不定這張臉。不管是產品選擇或是清潔方式，只要做對，邁向美肌之路已經成功一半。

臉部清潔重點

首先要注意的是有化妝的女性，洗臉一定要分為兩步驟：卸妝與清潔。有上妝就一定要卸妝，先用卸妝產品卸妝，再用潔面產品洗臉。

卸妝產品的卸妝原理

卸妝產品依與油水的作用原理，主要可以分成「以油溶油」和「界面活性劑去油」兩大類。簡單的說，卸妝品的原理就是靠油脂跟界面活性劑，當你開始使用時，油脂會直接分解彩妝與汙垢，而界面活性劑會將汙垢包起來，再用水洗去這些代謝物。

我們常認為「以油溶油」的強效卸妝產品稱為「油性卸妝品」，主要就是卸妝油，這是一種強效的卸妝產品，添加乳化劑與水乳化後，成油水乳化混合劑，就可以輕易把溶解彩妝後的油脂及殘留在深處的汙垢從臉上去除，再用水沖掉即可。另外一種以「界面活性劑去油」的卸妝產品叫做「水性卸妝品」，就是一般常見的卸妝液，這類卸妝產品較不油膩，經由界面活性劑與彩妝品的作用，再用水沖掉即可。

還有一種介於兩者之間「以油溶油」＋「界面活性劑去油」的油水參半的卸妝品，這種產品的本身就是會油水分離成兩層，必須混合後才能使用。

而油性卸妝產品的經典代表作就是卸妝油、卸妝霜及卸妝乳，水性卸妝產品的經典代表作則是卸妝水、卸妝液、卸妝慕斯及卸妝凝膠。

卸妝與洗臉

(1)正確卸妝的三個關鍵

①根據上妝濃淡選擇產品

若是濃妝豔抹，就需要卸妝力夠強的卸妝油及卸妝乳，才容易卸乾淨。淡妝的話，一般使用卸妝水、卸妝液即可。

②回家後化妝品盡快卸除

上妝對臉部幾乎是全面式覆蓋遮蔽作用，一整天下來臉部肌膚已起化學作用，而且化妝品也沾染了許多空氣中的汙染物，容易過敏及阻塞毛孔，而且化妝品長期在臉上也容易導致色素沉澱。

③用大量的水沖洗臉部

卸妝後一定要用大量清水沖洗乾淨，這一點非常重要。避免殘餘的成分留在臉上可以減少臉部刺激，並可延續後面清潔洗臉的方便性。

(2)卸妝順序

我們想要完全把臉部的妝卸除乾淨，最重要的就是不能漏掉有些皮膚沒有卸到妝，所以「有順序的卸妝」非常重要。臉部由上而下的卸妝方法比較順手，而卸妝前可先用溫水滋潤臉部，再用蒸臉器或是熱毛巾敷臉，水溫約36～38度不要過熱。待蒸氣溫熱臉部，肌膚溫度微微升高後，就能軟化妝品，油脂也比較能溶解，卸妝就會更容易了。

❶
眼妝：
放慢且仔細輕柔的卸，千萬別粗魯
❷
唇妝：
唇緣、唇角、唇縫務必卸除乾淨
❸
全臉輕揉按壓，再用清水沖洗乾淨
▸卸妝步驟圖

①上下睫毛

可先將卸妝油用化妝棉敷在上下睫毛處，或可用棉棒沾一點卸妝油，輕柔地將睫毛膏卸去。

②眼影和眼線

眼影和眼線大都是鮮豔色，可使用化妝棉沾卸妝油輕敷眼周一會兒，讓其與眼妝產品融合，然後輕柔地在眼睛周圍按摩，直到彩妝品浮起，注意盡量不要碰到眼睛，否則容易有刺痛感。

③唇　部

化妝棉沾卸妝油在唇部（包括唇內、唇外及嘴角處）與口紅充分融合，然後輕擦唇部，卸掉唇上的口紅。此處一定要卸乾淨，否則以後容易造成嘴唇暗沉或色素沉澱，並產生反覆性嘴唇炎。

④額頭部位

卸除額頭部位的時候，要注意眉毛也要卸到。由額頭中心往外側輕揉，太陽穴及髮際線處更要卸乾淨。

⑤臉頰和鼻翼兩側

T字部位及臉頰也很重要，尤其眉宇之間及臉頰兩側部位在卸妝的時候不可以太用力，因為這個部位的肌膚是很敏感的，臉頰太用力卸妝時會有紅腫現象，長期下來容易長斑。而鼻樑、鼻頭、鼻翼兩側及法令紋處，在卸的時候可以稍微用點力，這個部位容易卡粉，卸不乾淨容易長痘子。

⑥下巴和人中部位

下巴（尤其唇下和人中這兩個部位）也是很容易卡粉的，易有閉鎖性粉刺形成，你可以用化妝棉上下左右來回輕揉，直到卸除乾淨為止。

卸完妝後半段就開始洗臉了。卸完妝後臉部至少乾淨輕爽一半以上，而且油膩厚重的感覺也會消失，再加上好好的洗臉，臉部的清潔就大功告成了。

(3)洗臉的步驟

❶
潤溼臉：
先用清水，再把
臉部敷溼
❷
把清潔乳適量倒入
手中，輕抹全臉
❸
洗淨/擦乾：
用指腹輕揉按壓，
再用清水沖洗乾淨

▸洗臉步驟圖

①洗　手

把手的髒汙清洗乾淨，再用雙手捧水把臉用清水潤溼，基本上水的溫度與臉相近即可。

②取適量的洗面乳

取洗面乳於手掌（最好是慕斯型，因為泡沫比較細，比較可以貼近肌膚），先抹在容易出油的區域，以T字部位為範圍，取適量由額頭內畫圓到外，再來鼻子、鼻翼、兩頰由上至下輕輕搓揉到下巴，再緩緩塗抹到全臉，洗面乳也要順勢推均勻。洗時千萬不要用力來回磨擦，尤其眼角部位容易起細紋，所以洗至這處要特別輕柔。

③沖　洗

用冷水沖洗臉部，輕揉按摩約3分鐘，但鼻子跟臉頰交界、眼窩、髮際、嘴角、下顎等一些容易殘留泡沫的部位要洗乾淨。

④擦　乾

用乾淨的毛巾以輕輕按壓的方式，將臉部的水分吸乾。

人的第二張臉「頭皮」

洗髮精最重要的功能是「把頭皮洗乾淨」。很多女性以為頭髮柔順就代表健康，常追求洗後頭髮的柔順、不糾結。其實，想要有健康的頭髮，頭皮健康才是重要關鍵。

除了選擇能確實洗淨頭皮的洗髮精之外，洗髮的方式也要特別注意。一般來說，由於女性油脂分泌不如男性旺盛，因此洗頭頻率通常比男性略低，但仍應視季節與每個人不同狀況而定，其實只要洗髮精的配方溫和不造成刺激，即使每天洗頭也無妨。洗頭時水溫不宜過高，以免刺激頭皮，分泌更多油脂，並且盡可能以指腹溫柔搓揉，以免指甲或指尖對頭皮造成刺激。

至於洗頭的方式與頻率，在網路上眾說紛紜，其實多久洗一次頭，並沒有標準答案，端看個人頭皮出油及髮質骯髒程度而定。若是頭皮出油嚴重時，只要選用配方溫和的洗髮精，即使每天洗頭也無妨。

有些女性會有「洗髮精需要經常更換」的迷思。之所以有這種說法，是因為洗髮精有易殘留或易刺激頭皮的成分，不宜長久累積於頭皮。但如果已經選擇了正確的洗髮精，且不含易殘留、易刺激的成分，建議可以持續使用下去，無須再更換，以免因為一再更換，反而又累積了不必要的成分，造成頭皮負擔。

呵護秀髮從洗頭的步驟開始！

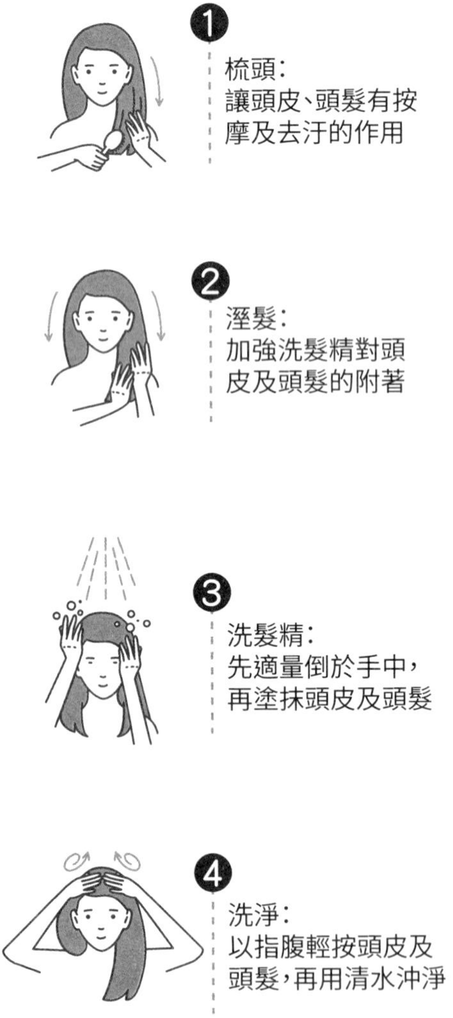
1
梳頭：
讓頭皮、頭髮有按摩及去汙的作用
2
溼髮：
加強洗髮精對頭皮及頭髮的附著
3
洗髮精：
先適量倒於手中，再塗抹頭皮及頭髮
4
洗淨：
以指腹輕按頭皮及頭髮，再用清水沖淨

▸洗髮步驟圖

①先把不順的頭髮梳整齊

先梳開頭髮打結的部分！如果你在頭髮還是一團亂的時候就洗，很容易在洗髮中造成頭髮分叉、斷裂。而且梳這麼一下，還可以用掉頭髮上的灰塵等，同時促進毛囊的代謝和頭皮的血液循環。

②水的溫度要適中

洗頭的水溫很重要！洗頭時絕對不能用太熱的水（水溫最好不要超過38度），和太強的水壓。太熱的水、太強的水壓會讓頭髮被打亂，頭皮也容易受到刺激。此外，太熱的水會把頭皮的油脂洗掉，讓頭髮黯淡無光。

③將頭髮和頭皮均勻弄溼

用適當溫度的水均勻弄溼頭髮和頭皮，並用手輕拍約3分鐘。拍打時，即可將頭髮上的髒東西拍掉一大半。

※洗髮前先抹上護髮乳如果你的頭髮是乾燥又分叉的受損型髮質，可以在沾溼頭髮後，先抹上護髮乳再上洗髮精。塗在髮梢、接近頭皮的地方即可。

④倒適量的洗髮精在手上

洗頭前，先把洗髮精倒在手上，等搓揉出泡沫後在再塗抹到頭髮和頭皮上，先洗頭皮再洗頭髮。

⑤將洗髮精沖洗乾淨

用洗髮精搓揉頭皮、頭髮後，一定要徹底沖乾淨，絕對不能殘留！

4. 身體開放、六孔不淨的正確清潔方式

(1) 鼻　孔

鼻孔內會分泌黏液、吸附髒汙，所以會有鼻屎形成，挖鼻孔及鼻屎，甚至拔鼻毛，都會造成鼻孔受傷誘發感染。鼻腔本身也有自我清理的能力，會慢慢將成型的鼻屎往外推，有時輕揉鼻子，鼻屎就會掉下來，所以不用刻意去挖或過度清潔。平常可以用棉花棒沾生理食鹽水清理鼻孔，但力道不能太用力。或用一塊乾淨的紗布沾一點水，把沾水紗布套在手指的小指上輕輕搓揉鼻孔，順時鐘、逆時鐘各一次即可，千萬不要把手指伸到鼻孔太裡面，大約半個指節就好。

(2)耳　孔

當外來髒汙混合耳道皮膚分泌的油脂，就會形成俗稱耳屎的耳垢，有的人是黏黏溼溼的，有的人是乾的。到底要不要挖耳朵呢？其實一旦用棉花棒、耳夾子過度清潔，反而容易造成耳膜受損、耳道皮膚刮傷，增加細菌、黴菌感染、發炎機會。耳朵有自我清潔機制，不用真的「很深入」地去挖，正常耳朵健康的人並不會因耳垢挖的乾淨而聽的更清楚。耳垢的作用是保護耳道，講話、咀嚼等動作都會讓耳垢自動排出，因此不須要刻意用棉花棒、耳夾子清潔耳垢，清潔過度反而還可能引起慢性中耳炎及外耳炎。另外，在洗澡時可用擰乾的毛巾包住手指頭，搓洗耳殼和耳道口附近即可。

(3)肚臍孔

肚臍孔是身體的神秘孔道，基本上是不太需要清理的。但是有的人會以為肚臍內有皺摺就容易藏汙納垢，甚至會產生體臭味。其實主要是因為肚臍孔搔抓破皮，或有積水而變潮溼，造成肚臍孔細菌感染而發炎，出現肚臍孔紅腫、疼痛、有黏黏的分泌物等症狀，嚴重時甚至會變成蜂窩組織炎。平常可以用棉花棒沾生理食鹽水清理或用優碘消毒，但力道不能太用力。或者在洗澡時用沐浴乳或是棉花棒塗一點肥皂，淺淺慢慢的旋轉輕按或擦拭，再用清水沖乾淨並確實擦乾即可，千萬不要硬摳。

(4)陰道孔

女性的陰道孔內其實含有很多的菌，能平衡陰道酸鹼、維持健康，反而洗得愈乾淨愈不好。在正常條件下，好菌能讓陰部維持乾淨，但如果我們過度去沖洗，其實會破壞陰道內的弱酸性環境、破壞平衡，造成其他菌種大量孳生，尤其白色念珠菌！建議用正常的清潔方式（如溫水）清理外陰部即可。清洗順序應該從前往後，保持外陰的清潔，而且必須用弱酸性肥皂，以減少對皮膚的刺激。不用特別把手伸進去陰道內清潔，這樣反而容易感染。

(5)尿道孔

若是沒有做好清潔，最常見就是尿道孔會紅紅腫腫、刺痛、小便會有灼熱、疼痛感，主要是以男性為主，所以男性小便要甩乾淨，不要讓尿液滯留尿道孔，除了多喝水外，清潔就尤其重要，洗澡時一定要把龜頭及尿道孔沖洗乾淨，一般可以使用弱酸性肥皂清潔。

(6)肛門孔

人體最下面的一個孔就是我們常說的「後庭花」、「菊花孔」、「屁眼孔」、「屁洞」、「糞口」，這個孔非常重要，因為肛門周圍的溼氣大，溫度也比較高，排泄的大門一旦不清潔，搔癢、發炎、感染等有問題就會令人坐立不安。肛門孔要健康，最重要的條件就是「保持乾爽」，除了不要穿太密閉、緊身的褲子外，上完大號後，在家如能用溫水稍為清洗一下是最好不過，但是不要隨便使用消毒用品或鹽水來清洗屁屁，過度清潔反而使細菌容易大量產生。洗澡的時候可以用蓮蓬頭沖洗，用一般的沐浴乳或弱酸性肥皂清洗就可以，洗完一定要擦乾。

關於保養

第三章　全身肌膚保養

皮膚保養全面開戰！趙醫師的美麗心法

明明同齡為何他老得慢、我老得快？皮膚保養不能只顧頭臉、不顧手腳；只顧外表、不顧內在，一定要表裡如一，面子裡子都要顧。很多人常說很難從趙醫師的外表猜到實際年齡，越活越健康，越活越年輕，不免讓人好奇他維持凍齡外表的祕訣是什麼？

「您怎麼看起來比開業前更年輕！」許多久不見的病人常對我這樣說；「不會吧！女兒、兒子都碩士畢業了，可是您看起來好年輕……」這些讓人心花怒放的讚美之詞，不管是否為真，就是會讓人聽起來心情愉快，心理年齡頓時就年輕了20歲。

皮膚是人體最大的器官之一，如同其他身體器官，會隨著時間老化。人體肌膚變化是一種連續性動態過程，人從一出生便開始邁向老化。許多人認為，肌膚老化是有階段性的，但其實是年過40以後，老化速度明顯加快，才讓人有此錯覺。踏入40大關的肌膚，會開始出現哪些老化情形呢？

從外表來看，頭髮出現絲絲銀白，髮質也變細甚至開始減少；臉部線條不若年輕時緊緻，抬頭紋、皺眉紋、魚尾紋、法令紋、嘴角邊陽婆婆紋及八字木偶紋、頸紋都逐漸形成；眼袋變大、淚溝愈來愈明顯、臉部下垂、胸部下垂、肌肉鬆垮等。當然肌膚也會慢慢暗沉蠟黃、黑斑形成，而身體四肢及軀幹皮膚不再細緻，變得粗糙乾燥、缺乏彈性有如雞皮、角質增生，這也癢那也癢、混身不對勁。

這些情形都來自於表皮、真皮、分泌腺體、血液、淋巴循環以及皮下組織甚至肌肉組織開始退化。當退化的速度加快、膠原蛋白的增生卻減少，甚至皮膚組織逐漸萎縮，我們就會發現皮膚開始有塌陷及不平衡的皺紋產生，不再像過去飽滿豐潤。這些問題是先天還是後天？是逆天還是順天？是可逆還是不可逆？在不違反生理及破壞肌膚結構的原則下我們要反轉，唯有全面身體保養，才能讓你活著得意的笑。

既然肌膚的老化是無法逆轉的事實，那有什麼方法可以讓老化速度放慢呢？透過生活方式的調整改善，可以及早抗老。所謂預防勝於治療，首先就是要適量運動，趁還年輕的時候，建立運動的習慣。您可以選擇適合個人體質的運動，如跑步、快走、健走等，並持之以恆地做每天至少40分鐘以上。為什麼運動有助抗老逆齡呢？皮膚老化是因為細胞端粒被破壞，當粒線體的端粒變短，就會加速產生自由基，從而加快皮膚老化速度。因此透過運動，可以讓人體內分泌保持在穩定平衡的狀態，且可以刺激細胞活化，血液循環和新陳代謝就因此較順暢，膠原蛋白也比較容易增生，皮膚組織的萎縮速度自然就會減緩。

為何他老得慢、我老得快？就是這樣越老越快！

隨著年齡增長，不少人都有同樣的疑問，「為何明明是同樣年紀，別人看起來容光煥發，自己卻老態畢露？」人的老化除了遺傳基因與年紀影響外，當然還有很多內外在因素。

(1) 疾病問題

只要身體有慢性疾病，人就再也不容易年輕。人體荷爾蒙失調、女性婦科問題、代謝疾病、腸胃不好便秘或慢性病，如高血壓、糖尿病、免疫性疾病、乾燥症等，都會使人顯老。甚至女性長期貧血、肝腎功能不佳，也可能加速老化及皮膚質地改變，如皮膚紋路粗糙、肌膚暗沉無光澤、長黑斑、冒痘子及掉髮。

(2) 熬夜失眠

熬夜、失眠也是皮膚的一大殺手。長期熬夜會造成臉部衰竭，黑眼圈形成，失眠則是生成疾病的開始。身體荷爾蒙可體松的正常分泌時間是到晚上十一點，降低表示須要休息，早上八點後增加，就是要開始運作，但若是熬夜或晚起，就會破壞可體松的分泌狀況，影響代謝，讓人加速老化，也會加速皮膚皺紋形成，使肌膚沒彈性及萎縮。所以最好每天要十二點前睡，早上八點前起床，並且睡眠品質要良好，才符合生理時鐘。

(3)生活習慣與環境

不防曬又愛曬太陽，或常處於空氣汙染嚴重之處有害肌膚。而癮君子菸不離手，尼古丁產生不好的自由基攻擊皮膚，早已證實對皮膚有害，手指周邊也會泛黃顯老，並且會容易形成皺紋、肌膚過敏及粗糙。

(4)保養不當

亡羊補牢趕快保養，全身都應保養。在保養方面，忽略防曬以及清潔不當都可能讓人顯老，過度清潔也會破壞皮膚油水平衡，但若不洗臉，臉部汗液與角質層會與外來髒汙起化學反應，破壞皮膚長汗斑、溼疹及痘子。長期照射紫外線不防曬，則會加速斑點與皺紋形成。若四肢乾燥就要保溼，否則皮膚會粗糙變黑、變厚便成慢性溼疹。

(5)飲食嗜甜嗜辣

不少人飲食嗜甜嗜辣，也可能是老化的元凶。吃太多油炸或辛辣食物會刺激皮膚，吃太多甜食則會分泌類胰島素因子第一型，讓皮膚「糖化」，容易出油並釋放不好的自由基，破壞真皮層的膠原蛋白形成皺紋，容易長痘痘或更容易掉頭髮，皮膚也容易過敏及搔癢。

千頭萬緒，護膚基本三部曲

(1) 好好睡覺

護膚保養的第一步，就是生活作息要正常，不要晚睡晚起。人要是睡不好覺就是萬病的開始，人體的褪黑激素適當分泌可對抗自由基的傷害，有助抗老化。長期失眠、熬夜，皮膚一定不好而且是全身性的問題，最常見就是新陳代謝不穩定造成肌膚暗沉。人體內分泌素（能量啟動素）可體松在晚上十一點之後就會下降，早上八點之後上升，而褪黑激素在凌晨分泌是最旺盛的，所以最好能在晚間十二點前就寢，並睡滿六至八小時，要睡得好，睡得時間恰當，褪黑激素才能正常且順利分泌，達到最大功效，因此睡「美容覺」的確可讓肌膚變好。

(2) 好好飲食

病從口入，要吃的好、吃的巧、多喝水、少喝飲料（尤其甜飲）、適量喝點茶，一天至少要喝 2000 cc 的水，有助於身體酸鹼平衡及新陳代謝，並有助於皮膚的保溼及亮度。在飲食方面，多吃蔬果，尤其含維生素C多的成分如芭樂、番茄、奇異果等。這些水果因富含抗氧化劑，可以減少不好的自由基，讓皮膚有抵抗力並降低黑色素的形成。

(3) 好好保養

最重要也是最迫切的法則，就是要做好日常清潔、保溼與防曬。清潔用品最好選擇弱酸性洗劑，無論從頭到腳，適當的清潔都是肌膚健康之鑰，做好清潔後，保溼是為了滋潤維護皮膚最外層角質層完整，可以減低皮膚的敏感度。防曬品最好選擇化學成分少，一般日常活動選擇 SPF30、PA++ 的防曬品即可。

1.保養品的成分真的很重要嗎？大部分我都看不懂

一般市售保養品所含的成分有：

(1)保溼劑

一個好的保溼劑，就是因膚質膚況而設計的。恰到好處的保溼劑對皮膚就會有很好的保養功能。

水性的保溼劑成分不會太油膩，油性的保溼劑油脂成分就比較多，選擇時完全依照自己膚質的狀況來使用，有時太油膩的保溼劑，皮膚會產生刺激、搔癢，甚至會長痘子。

所謂皮膚要吸收，第一是親膚性要好。親膚性就是指親水效果與親脂效果，即指水份能夠吸收，還有脂質能夠吸收，才能對皮膚表皮層達到較好的修復作用，吸收也才能達到作用。所以選擇保溼產品的時候，一定要選擇親膚性好的。否則有的人擦完保溼劑後，很快又覺得皮膚乾燥、水分一直蒸發，就是因為選擇的保溼品不適合。

正常角質層的含水量有 20%～35%，若減少到 10% 以下，皮膚就會處於脫水狀態。

全方位的保溼成分有哪些？

要達到保溼的完全效果就需要補充及修護皮膚的不健全組織，所以就要補水、鎖水、鎖油及增加皮膚本身的修復力。然而，完整的保溼劑須具有幾種組成，那就是增溼劑、鎖水劑及輕微的密封劑。

增溼劑主要多為水性保溼成分，可補充角質層中的水分，幫助肌膚抓水，改善角質缺水的現象。常見的成分有玻尿酸（醣醛酸、透明質酸）、甘油（Glycerin，學名丙三醇）、胺基酸、膠原蛋白、尿素、角鯊烯、果酸、乳酸 (AHA)、脂質（如分子釘 Cermides)、醣類、天然保溼因子 (Natural Moisturizing Factor, NMF)、維生素原 B5 等。

鎖水劑為油性保溼成分，幫助肌膚保水，兼具修護皮脂膜功能。常見的成分有植物油，如荷荷葩油、月見草油、橄欖油、葵花油、小麥胚芽油、篦麻油等。

若是極度缺水，則可使用密封劑讓水分進得去、出不來，例如凡士林、矽油、礦物油、羊毛脂、角鯊烯、丙二醇、膽固醇、卵磷脂、棕櫚油等。

⑵美白

目前衛生福利部食品藥物管理署核准使用，可以宣稱的美白成分共有13種，主要的原理是抑制黑色素形成，並促進已產生的黑色素淡化。因此，使用美白主要是針對色素斑部分做改善，並沒有改變自己原來的膚色，變得更白皙，所以黑肉底還是黑肉底。而且對於不同的黑斑效果也不同，並不是美白成分濃度愈高，或添加愈多種不同成分就愈好。所以千萬不要對美白產品有過高的期待，以為擦了，黑斑就一定會消失，其實斑一旦生成，就很難完全消失或不再長出來。

13 種美白成分

公告可使用於化妝品之美白成分有 13 種，其使用濃度限量、用途如下表所示：

成分	常見俗名	使用濃度限量	用途
Magnesium Ascorbyl Phosphate	維生素 C 磷酸鎂鹽	3%	美白作用機轉：還原已生成的黑色素變成無色
Kojic acid	麴酸	2%	美白作用機轉：螯合銅離子、抑制酪氨酸酵素的形成
Ascorbyl Glucoside	維生素 C 糖苷	2%	美白作用機轉：還原已生成的黑色素變成無色
Arbutin	熊果素	7%	美白（製品中所含之不純物 Hydroquinone 應在 20 ppm 以下）作用機轉：抑制酪氨酸酵素活性、預防黑色素的形成
Sodium Ascorbyl Phosphate	維生素 C 磷酸鈉鹽	3%	美白作用機轉：還原已生成的黑色素變成無色
Ellagic Acid	鞣花酸	0.50%	美白作用機轉：抑制酪氨酸酵素的活性、阻斷黑色素的形成
Chamomile ET	洋甘菊精	0.50%	防止黑斑、雀斑作用機轉：能抑制酪氨酸酵素的活性，預防黑色素的形成，並預防皮膚日曬後的發炎反應

成分	常見俗名	使用濃度限量	用途
5,5'-Dipropyl-Biphenyl-2,2'-diol	二丙基聯苯二醇	0.50%	抑制黑色素形成、防止黑斑雀斑（美白肌膚）
Cetyl Tranexamate HCl	傳明酸十六烷基酯	3%	抑制黑色素形成及防止黑斑雀斑，美白肌膚
Tranexamic acid	傳明酸	2.0%～3.0%	抑制黑色素形成及防止色素斑的形成
Potassium Methoxysalicylate (Potassium 4-Methoxysalicylate) (Benzoic acid, 2-Hydroxy-4-Methoxy-, Monopotassium Salt)	甲氧基水楊酸鉀	1.0%～3.0%	抑制黑色素形成及防止色素斑的形成，美白肌膚
3-O-Ethyl Ascorbic Acid (L-Ascorbic Acid, 3-O-Ethyl Ether)	3-o- 乙基抗壞血酸	1.0%～2.0%	抑制黑色素形成及防止色素斑的形成，美白肌膚
Ascorbyl Tetraisopalmitate	抗壞血酸四異棕櫚酸酯（脂溶性維生素C）	3.0%	抑制黑色素形成(含藥化妝品)

理想超強，完美美白全方略

在美白產品中也常加入許多其他美白成分，或各廠家研發祕方，無論是萃取自天然植物、微生物、或是化學合成的分子，美白的原理主要是破壞及阻斷黑色素形成的每一個環節，儘量減少黑色素形成。雖然無法完全阻止，但至少可以使黑色素的形成不要由點變成線再變成面，並希望能分解及加速黑色素的排除。

簡單的說，黑斑的形成需要經過很多的過程，想要使黑斑減少到最輕程度，就要儘量做好防曬，並減低皮膚過敏發炎。發現有黑斑即將形成時，就要趕快預防，才能阻止黑斑愈來愈黑或愈來愈大的現象。然而，要控制黑斑的惡化，除了全方位的防曬外，保養的成分也非常重要。主要就是要抑制黑色素細胞，減少黑色素生成，當然還要加速老廢角質及黑色素的代謝，如此黑斑可以淡化。

拒絕反黑！常見美白成分塗抹時間是？

除了向民眾分享確實可於化妝品中添加，並標示美白或抑制黑色素作用的成分有哪些外，由於想要達到美白、抑制黑色素的作用，這類成分大多有光敏感性，或多偏酸性，對皮膚的刺激也較大。

所以為了避免使用不當使肌膚反黑，或造成皮膚過度刺激、敏感，形成皮膚炎、黑色素沉澱，民眾在使用前一定要「停、看、聽」，注意保養品添加的內容，以及建議使用方式比較有保障。

▸含美白成分的使用時間

	白天使用	晚上使用
美白成分	維生素 C 磷酸鎂鹽 (MAP)、維生素 C 磷酸鈉鹽 (SAP)、維生素 C 葡萄糖苷 (AAG)、抗壞血酸四異棕櫚酸酯（脂溶性維生素 C）、洋甘菊萃取物、二丙基聯苯二醇 3-o- 乙基、抗壞血酸	熊果素、甲氧基水楊酸鉀、傳明酸十六烷基酯、傳明酸、鞣花酸、麴酸等酸類成分
注意事項	維生素 C 類的美白成分，有人會有輕微刺熱感，使用量不宜過多，適量即可	雖然光敏感的問題不大，白天用並不會「越擦越黑」。但由於性質偏酸，皮膚有一定刺激性。所以為避免過度刺激，仍建議民眾擺在晚上使用，且在用量上不宜過多，或是可於使用前先在皮膚上塗一層乳液作隔離，並於皮膚過敏、紅腫、發炎時避免使用為佳

如何選購美白保養品？想變白，多擦不如擦對！

美白保養品是保養品中最容易有爭議及訴求效果性的產品，為避免肌膚受到不當成分的傷害，建議在選購時，對於保養品的標示應多加注意，應該選擇有完整標示的產品，包括「產品名稱」、「製造廠名、廠址」、「進口商名稱、地址」(進口者)、「內容物淨重或容量」、「成分」、「用途」、「出廠日期或批號」、「保存期限」及是否含前述公告可使用於保養品中美白成分的製品。不要購買來路不明、成分標示不清、誇大不實的產品，尤其傳、直銷產品，否則使用後可能發生皮膚嚴重紅腫、刺癢、脫皮甚至皮膚反黑的副作用，花了大筆錢反而得不償失。

保養品中禁用的美白成分：對苯二酚 (Hydroquinone)。

對苯二酚是一種抑制皮膚黑色素形成的藥物，臨床上對雀斑、老人斑、口服避孕藥誘發之肝斑及化妝品所導致之黑色素沉積都很有效，因具美白功能而多為美白、退斑產品使用。不過對苯二酚具有光敏感性，只能在晚間睡前使用，而且不可塗抹全臉、只能局部使用，使用後白天要做好防曬工作。如果使用不當容易造成皮膚發炎、紅斑及不規則皮膚色素等副作用。現在的三合一去斑膏就含有對苯二酚，千萬不可長期使用，使用二至三個月後就要停止一段時間，最好先經醫師評估後再使用。

(3)抗老化

想要看起來不老又要比實際年紀年輕，還真不容易。抗老化當然要內在與外在兼顧，然而，外在塗抹的保養品成分，就是要讓皮膚光滑有彈性，不容易有皺紋產生，又可以使肌膚年輕化。一般抗老化的保養品，主要還是作用在皮膚的表皮層，很難真正深入真皮層去刺激膠原蛋白的增生。

常見的明星抗老成分有：大豆異黃酮、槲皮素、厚朴酚、維生素A醇、維生素A醛、維生素A及其相關衍生物、藍銅、白藜蘆醇、硒、硫辛酸、阿魏酸、多胜肽、Q10、龍膽草、生長因子、維生素E、胎盤素、艾地苯、葡萄子萃取物、綠茶多酚、維生素B3菸鹼醯胺、茄紅素等等。

(4) 去角質

肌膚表面要光滑，最重要就是要使表皮角質層正常代謝，不可過度累積。表皮角質層代謝約四到五天，所以一定要清潔乾淨老廢角質，維持表皮角質層的健康及正常的代謝速度，肌膚才會看起來光亮不暗沉。若是肌膚無法自我調節更新，則可以用一些溫和使角質剝落的保養品加強角質新生。

常用的去角質成分有：杏仁酸、果酸、水楊酸、黃土、乳酸、亞麻油酸、維生素A醇、維生素A醛、維生素A及其相關衍生物、酵素、甘草苷、散大蝸牛等等。

(5) 消炎抗過敏

皮膚最怕的就是過敏，尤其使用保養品造成過敏反而對皮膚是二次傷害。所以保養品中就會添加一些抗敏的成分，來減少皮膚的刺激，使皮膚的發炎細胞不容易活化，就可以減輕皮膚發炎物質的釋放，使過敏降低。

常用的消炎抗敏成分有：蘆薈萃取物、葡萄萃取物、竹炭、龍膽草、白楊柳、洋甘菊、綠茶、尿素囊、甘草酸、甘草精、沒藥醇、小黃瓜、金縷梅等等。

(6)收斂毛孔

收斂毛孔基本上就是要使毛孔縮小，皮脂腺的出口是最容易毛孔粗大的地方，只要油脂過度分泌就會撐大毛孔，若加上角質阻塞就會變成粉刺。所以使毛孔通暢、油脂減少，就可以使毛孔變小。

常用的收斂毛孔成分有：杏仁酸、果酸、麥飯石、水楊酸、金縷梅、維生素A醇、維生素A醛、維生素A及其相關衍生物、牛蒡等等。

(7)肌膚修護

肌膚敏感要改善，最主要就是維持整個表皮的完整性，讓表皮層從角質層這層保護膜，到基底層這層再生膜，能減少刺激傷害，並快速撫平受傷粗糙的表面，才能使水分、油脂、保溼因子不再流失，肌膚才會健康。所以肌膚自我修護能力的提升，及外在保養的加持，都會讓肌膚穩定有抗敏性。

常用的肌膚修護成分有：上皮生長因子EGF、醋酸維生素E、丁基氫甲苯(BHT)、多胜肽等等。

(8)生髮養髮成分

掉髮的原因非常多，而頭皮的健康及養分的供給也非常重要。頭皮的抗氧化及減少油脂分泌，甚至能活化毛囊，促進頭皮的淋巴血液循環，加速頭皮老廢角質的代謝都能幫助頭皮及頭髮的健康。

常用的生髮養髮成分有：高濃度益生菌、次亞麻油酸、鋸棕櫚萃取物、上皮生長因子 EGF、Capixyl 四胜肽＋紅花苜蓿、咖啡因、鐵、鋅微量金屬元素、生物素、藍銅胜肽、原花青素、甲硫胺酸等。

(9)白髮變黑髮成分

白髮是最不容易治療的，如何讓頭髮的黑色素不要退化是關鍵，所以，控制頭髮毛囊的黑色素生成的黑色素小體一定要健康；頭皮的營養素也要夠，否則黑色素形成不完全，就容易頭髮變白。

常用的白髮變黑髮成分有：Greyverse 四胜肽、白首烏、鐵、鋅微量金屬元素、氨基酸、生物素、何首烏等等。

⑽ 防 曬

防曬品的成分對皮膚的影響非常大，化學性成分有的對皮膚刺激大，容易造成過敏；有的會造成環境汙染。物理性成分則是要注意二氧化鈦，是否奈米化及做成噴霧劑型，使人容易吸入，對身體有害。

常用的防曬品的成分有：防曬品的物理性 vs 化學性成分

①物理性成分是利用反射或散射的原理，防曬品中的顆粒會在肌膚表面形成反光保護膜，以全反射的方式減少紫外線對肌膚的傷害；物理性成分的優點是比較不會導致過敏，但顆粒較粗，有時塗起來質地較厚不容易推開，塗抹部位有時容易長痘子。

常見的物理性防曬成分有兩種：二氧化鈦 (Titanium didxide) 和氧化鋅 (Zinc Oxide)。二氧化鈦可以阻隔 UVB 和部分 UVA，氧化鋅則幾乎可以阻隔掉所有的 UVA 和 UVB。

②化學性防曬的原理，簡單的說就是將紫外線大量吸收進成分中，使其轉化為分子振動能或熱能來消除紫外線。防曬品中有效的化學成分，經皮膚表皮吸收

後，會跟紫外線產生交互作用，將其轉換成無害的能量。化學性成分的優點是外觀上透明、質感好、延展性佳、清爽不油膩，但是容易使敏感型肌膚的人過敏。

常見的化學性防曬成分有：桂皮酸鹽 (Cinnamates)，主要作為 UVB 的紫外線吸收劑；鄰氨基苯甲酸鹽類 (Anthranilates)，防部分紫外線 A 光；二苯甲酮類 (Benzophenes)，防紫外線 B 光和部分 A 光；對氨基苯甲酸及其衍生物 (PABA & derivatives) 防紫外線 B 光；Parsol 1789，防紫外線 A 光和部分 B 光；麥素寧 (Mexoryl SX)，防部分紫外線 B 光和部分 A 光；水楊酸鹽類 (Salicylates)，防紫外線 B 光。

2. 怎麼辦？保養品品牌這麼多，挑選好難啊！

五大膚質特性不同，適合的產品也不同，美肌保養也是高標準，挑選臉部產品的一大原則為油水平衡。除了瞭解基礎的膚質判斷，在挑選保養品時記住一個大原則，就是要讓臉部保持油水平衡，例如油性臉可使用清爽型的，而乾性臉要用滋潤型的，這樣臉上的皮膚才不會因為用錯的產品，而產生痘痘粉刺或老化。

敏感肌購買保養品前先試用

肌膚比較敏感的人，在更換保養品之前一定要先測試看看會不會過敏。很多產品說明會建議消費者把保養品塗在手肘內側來測試，但手部的肌膚比臉部厚很多，膚況也相差很多，常常測試之後感覺沒問題，買回家使用卻發生過敏的情形。其實正確的測試部位應該是在耳後或下巴，因為他們和臉的膚質比較接近，結果才會比較準確。

另外，測試時間的長短也關係到是否會過敏。每個人肌膚發生敏感的情況不一樣，有些人是立即性的發作，有些人要等個一、二個小時以上症狀才會慢慢出現。如果只是試個十幾分鐘，可能準確度會不夠。所以不管是去開架式或化妝品專櫃購買新產品，可以把試用品塗在耳後或下巴，然後先去逛街，等一、二個小時之後再回來，看看有沒有過敏，如果沒有搔癢、不舒服的狀症，再考慮購買。

從保養第一步「卸妝」做起

清潔產品五花八門，讓人看了眼花撩亂，到底應該要如何選擇呢？從頭到腳，只要是清潔用品幾乎都有界面活性劑，為了清潔效果，幾乎都會加入兩種以上的界面活性劑，而含有合成的石化成分愈多，相對對皮膚的刺激性也就愈大。所以不是洗的愈乾淨就愈好，還要考慮安全性及皮膚的負擔。石化成分不是一定不好，天然成分也不是一定沒問題，完全要看成分的配方劑量及使用的量。建議民眾在選購用於臉部或身體的清潔產品時，盡量使用石化成分少，或天然成分的界面活性劑，比較溫和不刺激肌膚。而低敏感的重點則在於產品是否含化學成分多、配方包含界面活性劑，或是乳化劑、定香劑、防腐劑、色素等等。選用化學成分少的產品，可以減少不必要的刺激及過敏機會。

(1)如何選擇卸妝產品

①卸妝油

適合油性混合性肌膚的人。基本上濃妝豔抹者，尤其加強眼妝者，用卸妝油比較容易卸乾淨。然而，現在有越來越多的功能如防水性、防汗性、抗 UV 全臉覆蓋型的妝品如 BB 霜、CC 霜等，都強調不容易脫色掉妝，所以平日底妝偏厚重的人，建議最好選擇使用卸妝油，比較容易將妝包覆，並深入毛孔溶解妝品。使用卸妝油後一定要用清水沖乾淨，油脂才不容易阻塞毛孔，引起粉刺和發炎性痘痘。

②卸妝乳

適合油性、混合性肌膚及中濃妝的人。卸妝強度比卸妝油弱一點，質地感覺上也比較溫和，適合用來卸除臉部中度彩妝。有些女性喜歡使用卸妝乳，主要是乳液與妝品融合時比較有親膚性，在肌膚上按摩推勻時較有潔淨感，當然卸妝後還是一定要用清水沖乾淨。

③卸妝水／卸妝液／卸妝露

適合混合性、中性、敏感性肌膚及中度濃妝或淡妝的人使用。因為使用的劑型是屬於較水性，相對刺激性更小，尤其對眼周圍敏感處比較不會有刺激感，可以搭配化妝棉使用。使用化妝棉的好處是，可以由化妝棉上的妝品垢大略知道還有沒有殘留的妝。

(2) 如何選擇洗面乳

市面上的潔臉產品真是五花八門，依照膚質、性別、功能、劑型不勝枚舉。要選擇適合自己的潔臉產品，簡單的判斷就是使用後的感覺，洗完臉之後，清爽不油膩也不乾澀，而且不會有癢癢、刺痛、發紅、脫屑等情形發生，大致上就是可以使用的產品。只要能把臉清潔舒服就好，不要設想要達到某些特殊功效。

潔顏品的種類：

①照膚質來分

簡單的可以分成一般洗面乳和油性膚質洗面乳。一般洗面乳配方溫和，清潔力相對弱，比較適合中性、乾性、敏感性肌膚，洗完後也比較不會有乾澀緊繃的感覺。而油性肌膚洗面乳清潔力較強，洗完之後會去除掉油脂，所以覺得面部皮膚清爽，但不適合一天多次使用。

②照性別來分

除了一般男女都可用的外，也有專為男性肌膚設計的洗面乳，此類洗面乳較清涼，去油性也較佳。

③照功能來分

有控油洗面乳、美白洗面乳、保溼洗面乳、抗痘洗面乳、去角質洗面乳等，雖然有各種不同訴求及配方，但除了清潔功能外，其他的特色基本上效果是有限的。

④照劑型來分

1. 乳液、慕斯型：適合混合性、中性及敏感性肌膚的人使用。一天2次就好！這類常含胺基酸成分，慕斯洗起來泡沫綿密，質地比較柔細，洗完後沖水肌膚比較不乾澀。
2. 顆粒、去角質型：適合油性、混合性肌膚的人使用。一個星期2次就好！主要是去角質的功用，尤其針對毛孔粗大及痘性膚質，洗完有時會有輕微刺痛感，所以使用時不要用力磨擦，才不會傷害膚質。
3. 凝露型：適合混合性、中性及敏感性肌膚的人使用。一天2次就好！凝膠遇水則溶，是比較清爽的劑型，洗完後沖水。
4. 手工皂型：適合油性、中性及敏感性肌膚的人使用。一天2次就好！又分弱酸性及弱鹼性手工皂，敏感肌膚可以使用弱酸性手工皂，比較有親膚性，且刺激性也比較少。油性肌膚的人則可以使用弱鹼性手工皂，對油脂的清潔力會比較好。

(3)如何選擇化妝水

給皮膚保養打基礎為何如此重要？化妝水是保養步驟的開路先鋒，因為有溫潤、親和的特質能使皮膚迅速吸收水分，也就是在皮膚最外層的角質層啟動吸收因子，等著更多後續保養品成分的有效接收。因此是任何年齡都適用的百搭聖品！

化妝水的選擇也和膚質有關，當確定自己屬於何種膚質之後，我們就可以尋根溯源的選擇適合自己的化妝水。而化妝水也有不同功能的分類，以依其屬性可以區分為：

①清潔緊膚控油收斂型化妝水

適合膚質：油性肌膚及混合性肌膚。

主要功能：針對油脂分泌旺盛，而且時常冒痘痘、毛孔粗大的肌膚，具有調節皮脂分泌、平衡皮膚 PH 值的功效。這類會使用含有酒精成分的化妝水，可以收斂毛孔，並有殺菌消毒的作用。除了對肌膚進行調理之外，也需要配合有補水成分的產品進行使用，才能達到油水平衡的狀態。

②保溼柔膚型化妝水

適合膚質：中性乾性及敏感性肌膚。

主要功能：針對不油及粗糙的膚質，能及適時補充水分及補油，讓肌膚形成保護膜，維持肌膚潤澤細膩，保持肌膚的平衡完整力，減少外在因素刺激。

③調理功能型化妝水

適合膚質：暗沉及鬆弛老化肌膚。

主要功能：主要是針對暗膚色、沒有亮度及彈性的肌膚，使其更富有彈性，角質層水分更飽滿。就是一般所謂的美白化妝水、緊緻抗老化妝水。

(4)如何選擇精華液

精華用得好，皮膚差不了，皮膚好不好，真的是靠養起來的。精華液是一種濃縮型的產品，有一種讓肌膚加強吸收飽和及功效顯著的感覺。

基本上18歲青春期以後的年齡都可以使用精華液，當然要考慮自己實際的肌膚狀況、季節變化、所處環境及需求等各種條件，才能正確選擇最適合自己肌膚的精華液。精華液本身所含的濃度、質感及配方也是非常重要的，各品牌都有其特色，有的很濃稠黏膩，有的很淡比較水性。但無論如何，使用起來不刺激、延展性好、吸收好，清爽不油膩是主要關鍵。

①保溼精華液

肌膚保溼是保養的基礎，也是全年無休、終其一生的必備保養環節。尤其保溼精華液的再度加強，可以讓你肌膚光澤，杜絕乾燥細紋，肌膚光蘊大幅的提升，打造無與倫比的水潤美感。

春夏季節時油性、混合性及年輕妙齡肌膚可以選用保水成分較多的，如玻尿酸保溼精華液；秋冬季節時，中性、敏感性、乾性及熟齡肌膚可以選用含保油脂成分較多的保溼精華液。

②美白精華液

白皙肌膚是全世界所有女性都追求的目標，尤其東方女性容易長斑，因此美白更是大家關注的問題，希望留住最美的面容。美白精華液可使你的肌膚暗轉亮、亮變白也就是逆轉暗沉，打造肌膚光透白。

淺層斑或暗沉肌膚，如雀斑這類輕度曬斑，建議可以選用含有麴酸、熊果素、維生素C及其衍生物維生素B3杏仁酸、杜鵑花酸、果酸、水楊酸等成分的產品；深層斑，如肝斑顴骨斑，則可以選用藥用三合一去斑膏如含A酸、A醇、A醛、對苯二酚、麴酸、熊果素等成分的產品。

③抗老修護精華液

如果你的年齡到達25歲，或已開始有初老甚至臭老表徵，那抗老修護精華液可以明顯減淡老化跡象，填補你每一寸肌膚空隙，令肌膚變得緊緻有彈性，絕對是你不可缺少的保養聖品。

1. 初　老

肌膚特點：暗沉、細皺紋。

精華液的選擇：富含維生素E、葡萄子萃取物、綠茶、維生素B3菸鹼醯胺、硫辛酸、艾地苯等成分。

2. 顯　老

肌膚特點：暗沉、細皺紋、鬆弛沒彈性，有魚尾紋、抬頭紋、皺眉紋、淺度法令紋。

精華液的選擇：富含、硫辛酸、阿魏酸、多胜肽、Q10、生長因子、維生素E、胎盤素、維生素B3菸鹼醯胺等成分。

3. 臭　老

肌膚特點：滿臉粗細皺紋、暗沉、粗糙、下垂、鬆弛、眼睛上下四周放射狀魚尾紋、皺眉紋、深度法令紋、木偶紋、嘴唇紋。

精華液的選擇：富含天然油類、維生素A醇、維生素A醛、維生素A及其相關衍生物、藍銅、白藜蘆醇等成分，能幫助肌膚緊緻。

(5)如何選擇乳液

乳液的功能也是多樣化的，一般常用的是以保溼乳液為主，當然訴求美白的乳液也是大家所喜愛，依照不同部位從臉到腳都可以用乳液來保養。我們也是依照不同膚質來挑選，若沒有挑選到適合自己的商品，乳液中的成分也因此可能會無法發揮其效果。不同訴求的乳液成分及質地也大不相同，使用起來的觸感也不太一樣，有的屬於比較水性，使用起來清爽不油膩，有的則屬於比較油性，使用起來保溼滋潤度十足，因此建議大家，最好要針對自己的膚質來選擇商品，才能適得其用。

依照肌膚的膚質可以分為區分為四型：

①乾燥肌膚

此型偏向健康肌膚，但是屬於乾性膚質，如一般人或老人。臉部、身體、四肢及手腳可以使用霜狀質地或油性成分為主的身體潤膚霜或乳液，由於含有較多的油脂成分，比較可以長時間停留在肌膚表層，達到長效滋潤的效果。

②超乾燥肌膚

臉部可以使用乳霜或油脂成分較高的乳液，身體、四肢及手腳則使用潤膚油類，如凡士林、礦物油或植物油，使用後會使皮膚產生油光及薄膜感，並能替肌膚帶來極佳的保溼效果。

③敏感肌膚

臉部可以使用清爽不油膩的水液狀乳液，而身體、四肢及手腳可使用含有較多水分或油水均衡的配方，使用起來會清爽許多，雖然保溼效果比較不持久，但卻能同時降低黏膩感及刺激不適感。

④油性肌膚

臉部可以使用清爽型或含較多保水成分（如玻尿酸、膠原蛋白等）的乳液，而身體、四肢及手腳就可使用一般型的乳液作保養。

(6)如何選擇面膜

一層薄薄的膜代表著無盡的期待

認識面膜才能選對面膜

面膜是保養品中最好用，也是大家最能接受的產品，事實上，全身很多部位都可以使用這薄薄的膜，除了面膜外，還有眼膜、乳暈膜、臀膜、足膜等，因此市面上各種不同廠牌的面膜產品就愈來愈多，而且有各種不同的訴求。基本上我們可以面膜的外形、材質、保養功能、使用部位為重點，來認識面膜的功效，其他部位的膜也是大同小異。如此，當你要選擇的時候，才能很快進入狀況，才也能避免使用不當造成肌膚過敏。

不可不知的面膜內含物

使用面膜都是以功能性為目的，讓肌膚能夠鎮定保溼、抗黑美白、拉提抗老化、去角質、收斂毛孔。功能性面膜的好與劣，與所含精華液成分的容量、純度多寡、好壞有關。面膜所含精華液成分主要有水、防腐劑、乳化劑、香料、及各種功能性精華萃取物。一般可以分為：

①保溼面膜

保溼，是一年到頭都必須做的功課。所以使用量據統計也是排行第一。肌膚要保養，除了清潔、防曬外，保溼是最重要的。如果沒有做好保溼的基本功，就如同花草沒有水分、養分供給很快就會凋零、枯萎。表皮的角質層含水量約在10%到

30%之間，若水分含量低於10%，皮膚就會感到缺水，自然保溼因子分泌也會減少。油脂的成分如磷脂質、神經醯胺等分泌也會降低，如此一來水分與油脂無法保持平衡，肌膚就容易產生乾燥和皸裂，老化及皺紋也容易形成。

②美白面膜

這款面膜是女性朋友最愛的其中一種，美白面膜所加入的美白成分其作用就是希望能有效又快速的把皮膚變得美美白白的。當然，短暫性讓皮膚有美白的視覺效果並不是那麼容易，一般的美白面膜為了達到立即的美白，主要方法就是使表皮的角質層充滿水分，或是將厚重的角質層去除。長時間定期敷美白面膜，就可以藉著抑制表皮基底層黑色素的形成，減少已形成的黑色素轉移到棘狀層，或是更加速已形成的黑色素排出。然而，敷美白面膜的另一種好處，就是其中維生素C的成分可讓受損肌膚減少發炎，並減少紫外線對肌膚所造成的傷害。所以定期敷美白面膜，一定可以讓皮膚暗沉或有斑斑點點的女性達到改善的效果。

③抗老化面膜

老化在現代已是眾人的天敵，抗老化也是當下最熱門的話題，如何減緩老化，讓肌膚年齡小於實際年齡是大家所期待的，而這樣的訴求也非夢事。目前因應而生的抗老化成分是愈來愈進步，要達到抗老化目標，就必須由外而內及由內而外兩者相輔相成，才能達到事半功倍的效果。防皺面膜人人愛，抗老化最重要的機轉除了加強保溼及防曬外，如何修護真皮層中已退化的膠原蛋白及彈性纖維並使其再生實為上策。

④深層潔淨面膜

清潔肌膚無非就是希望臉上有光亮清爽的感覺，而不會滿臉油光。因此對一些臉部不容易清潔乾淨，或是毛孔很粗大又冒油旺盛的人而言，使用深層潔淨面膜來做肌膚保養的確是不可少的。深層潔淨的主要精神，就是能加強臉上深部毛孔的潔淨，並把不易剝落的角質去除，甚至把附著在臉部不易清除的微小汙垢一掃而光。基本上要達到深層潔淨的效果，就必須要能將老舊角質去除，另外吸收多餘油脂達到控油效果，並減少臉部大量的細菌孳生。當然對於一些敏感肌膚的人，使用深層潔淨面膜更要小心，才不會造成過敏的現象。

⑤治痘面膜

治痘面膜是痘痘一族最期待的急救工具，在年輕族群中，這款面膜可以說是賣最好的面膜之一。尤其對整臉痘子的人，使用治痘面膜對於青春痘的改善非常有效。當然治痘面膜也是有分等級的，對於粉刺形的人，使用的治痘面膜成分就以去角質為主，如水楊酸、果酸、植酸、杏仁酸等；若是發炎形的青春痘，則需要使用有消炎成分的治痘面膜才有效，如茶樹、維生素C等。另外治痘面膜也必須有吸油及控油的效果，作用才會更好。

⑥可敷著睡覺的面膜

這類面膜最主要就是在夜間能讓肌膚充分休息，並在休息時能有修護及安撫肌膚的作用，然而，使用這類面膜材質非常重要，因為大部分面膜是不建議敷著過夜，所以，可敷著睡覺的面膜一旦敷上臉，乾了也不會逆向把臉部的水分及精華液吸走。

⑦強效急救型面膜

此類型面膜主要功能就是對急性受損的肌膚達到修護、活化的效果。如被紫外線曬傷，或肌膚長期缺水需要趕緊復原肌膚的情況。所以所含成分會以高效能的賦活因子、活化因子、活酵素因子，多重胺基酸、多胜肽為主，但這類面膜的單價都比較高。

使用面膜正確步驟

一張好的面膜，基本上必須材質本身要佳、黏貼膚性佳（即形狀和切刀要符合東方人的面孔）、通透氣性好、肌膚不刺激不敏感、精華液被吸收的功能好，才算是一張好面膜。

當然要成為好的面膜除了上述條件外，使用的方法及步驟也是不可馬虎。不同種類的面膜在使用方式上也不同，以最常用的不織布、紙漿式片狀面膜為例：

①將面膜取出，先將面膜固定在臉部突出的地方如額頭、鼻子與下巴使面膜有附著點。

②再從臉部的中間，順勢將面膜慢慢往臉的兩頰展開，並將面膜裡的空氣壓出。

③盡量讓自己臉部放平不要立起來，因為重力的關係可以讓面膜與臉部吸附的更密合，而且精華液也不容易流出去。

④卸面膜時，先小心將面膜輕輕捲起，若有殘留的部分，則可以熱毛巾輕輕擦拭乾淨。整個動作過程要輕柔，以防皮膚脆弱者出現反效果。敷完臉後，如有需要，還可以進一步接著乳液等保養，如此更能持續維持敷臉的效果。

敷面膜的小撇步

①敷面膜時，臉上凹凸的地方如下巴、顴骨處很容易突起，所以要注意這些地方是不是面膜都有服貼。

②如果是剝落性敷面式面膜，則塗抹臉部的順序為額頭、兩頰、鼻子、下巴。

③上櫃上架的美白面膜所含的美白成分濃度並不高，因此對肌膚的刺激性並不大，原則上可天天使用。

④日曬後可立即敷上保溼修護型面膜。

敷面膜時最好不要講話或有太多臉部動作，因為會影響面膜對臉的吸附性，而減少均勻吸收效果。敷面膜前一定要將臉部徹底清洗乾淨，避免毛孔阻塞及汙垢留在臉上而減少精華液的吸收效果。

▸各膚質如何挑選產品

膚質／產品	油性	混合	乾性	敏感
卸妝	卸妝油	淡妝：卸妝水／卸妝液／卸妝露 濃妝：卸妝油	卸妝水／卸妝液／卸妝露	卸妝水／卸妝液／卸妝露
洗面乳	控油型	控油型	保溼型	保溼型
化妝水	收斂型	收斂型	保溼柔膚型	保溼柔膚型
精華液	清爽型	清爽型	滋潤型	清爽型
乳液	清爽型	清爽型	滋潤型	清爽型

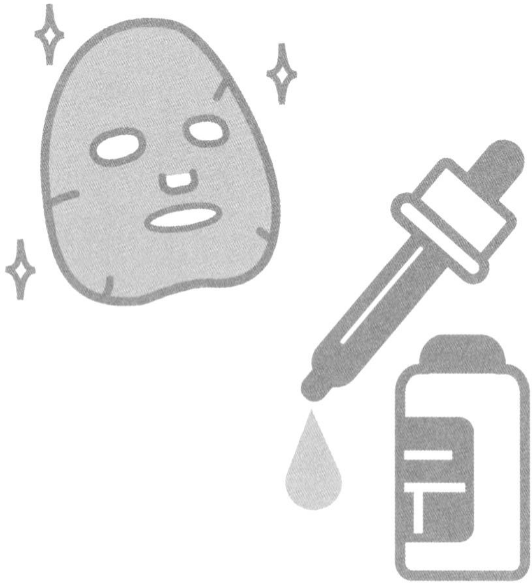

(7) 如何選擇洗髮精

洗髮精挑選有三大重點，像是選擇弱酸性的洗髮精，不要選擇添加太多香精、香味太重的，可挑選有強調頭皮清潔的洗髮精。更重要的是洗完頭務必沖乾淨，以免殘留在頭皮上造成刺激，引起發炎。很多女性注重頭髮的滑順感，因此會選擇標榜滋潤、柔順的洗髮精，但這類洗髮精含有矽靈、油蠟等滋潤成分，若未沖洗乾淨容易殘留頭皮，阻塞毛孔，造成頭皮過敏，嚴重的話甚至可能造成異常掉髮。

洗頭的重點應該是把「頭皮」洗乾淨，建議使用可溫和洗淨頭皮的「頭皮洗髮精」，維持頭皮的乾淨健康，讓頭髮有健康的生長地基。一般洗髮精的成分有界面活性劑、保溼劑、防腐劑等，所謂溫和的洗髮精，就是成分不要太複雜，否則容易刺激頭皮，增加乾澀、癢或頭皮屑的機會。

坊間有一些洗髮精標榜生髮、健髮，但洗髮精非藥品，僅能達到清潔效果，不具生髮療效，想要再生新髮，必須使用經FDA及衛福部核可的生髮產品。如果是重視髮量豐盈與頭髮健康的朋友，建議挑選沒有添加矽靈等滋潤成分、可以確實把頭皮洗乾淨的洗髮精，因為從醫學角度來看，「頭皮乾淨健康」比「頭髮滑順」重要多了。

▸依個人頭皮狀況及髮質選擇洗髮精

頭皮類型	特徵	適用產品	產品成分
油性頭皮	洗完頭不到一天又很油，容易長痘痘	控油性	硫酸月桂酸鈉 SLS、月桂醇聚醚硫酸酯鈉鹽 SLES 等石化等成分
乾性頭皮	三天不洗頭仍然乾燥，有時頭皮有緊繃現象	一般性、保溼性	兩性離子界面活性劑烷基甜菜鹼 Lauryl Betaine 等成分
汗溼性頭皮	汗腺過度分泌，一遇熱就大量出汗、頭髮很容易溼溼的	清涼性	可選用清涼有勁含薄荷成分
敏感性頭皮	時常覺得頭皮緊繃、搔癢、紅腫有頭皮屑	舒緩性	PH 值 4.5～6.5 也可使用兩性離子界面活性劑烷基甜菜鹼 Lauryl Betaine
多屑性頭皮	一撥頭髮就掉屑、肩膀常常有頭皮屑、頭皮常處於發炎狀態	抗屑、抗菌性	含有二硫化硒 (Selenium sulfide) 吡硫鎓鋅 (Zinc pyrithione) Azole 類抗黴菌成份吡羅克酮乙醇胺鹽 (Piroctone olamine) 環吡酮胺 (Ciclopirox olamin) 等成分
落髮性頭皮	大部分容易出油、洗頭梳髮一天落髮超過 100 根	修護性、控油性	含益生菌、次亞麻油酸、鋸棕櫚、咖啡因等成分

(8)如何選擇防曬品

防曬品的選購是許多民眾常會問到的，哪一種防曬品適合自己呢?首先就要先知道防曬品的特性，然後再依據自己的膚質來選擇。基本上選擇防曬品有幾個重點：第一是質感要好、延展性要佳、清爽不油膩。第二是防曬能力要足夠，對UVA和UVB都有防曬功能。第三是不容易阻塞毛孔造成粉刺形成。第四是產品不要太香以免造成過敏。

防曬品的標示：

一般防曬用品上都可以看到SPF、PA或PPD三種係數的標示，其中又以SPF及PA二種係數最為大家所熟悉。

所謂SPF是Sun Protection Factor英文的縮寫，中文翻譯為「防曬係數」。代表延長皮膚在紫外線下不被曬紅、曬傷的時間的倍數。例如一般人在烈日下10分鐘就會被太陽曬傷、曬紅，塗抹SPF30的防曬乳，就會延長10分鐘的30倍，即10分鐘×30=300分鐘後才會被曬傷曬紅。

常見的SPF，主要是針對防UVB係數的標示，一般來說SPF15能阻隔93.3%

的UVB紫外線，而SPF30大概能阻隔96.6%的UVB紫外線。看似SPF愈高，防紫外線的能力就愈強且防曬時間也愈久，所以市面上大多標榜高係數防曬品會更好，其實並不然。使用SPF50以上的防曬品，並不表示就可以安全拖到500分鐘以後再補擦，因為即使使用SPF50以上的防曬品，在外也可能因為流汗、碰水使防曬品功能減退。所以不用一味追求高係數防曬品，經常補充才是正道。

選擇防曬品，除了SPF係數外，也要注意是否具有防UVA的防曬係數。UVA的防曬係數，目前常看到的有兩種，日系產品多以PA+號來表示，而歐系產品通常以IPD/PPD (PPD, Persistant Pigment Darkening) 持續性色素沉著指數標示。PA+號越多表示對UVA抵抗能力越強，所以有+號、++號、+++號、++++號等強度。

歐系防曬產品通常以IPD來表示二小時內對UVA的立即曬黑反應，PPD代表持久曬黑的反應，歐系的PPD與日系的PA相當，而PPD是用數字來呈現，PPD2～4約等於PA+、PPD4～6約等於PA++、PPD6～8約等於PA+++。

防水性／親水性／防汗性

防曬品有的會標示防水與不防水，防水性（Waterproof）即表示下水80分鐘內還有防曬效果，親水性（Water resistant）是指下水40分鐘內還有防曬的效果。防汗性（Sweatproof）表示具有防汗功能，可使用在眼部，讓汗不容易跑到眼睛產生刺激感。不過其實一般除了要從事水上活動的民眾外，有無防水都需要多補充防曬品，而具有防水性的防曬品，則比較不會因為流汗或碰到水而被洗掉。

膚質決定防曬品：

不同膚質的人可針對自己的肌膚類型，再根據個人工作場所、時間季節以及陽光的強度來決定。

①油性肌膚

肌膚較油、容易長青春痘的人，應選用質地輕薄，清爽不油膩的產品，挑選時應選擇帶有"non-comedogenic"字樣的產品，這說明防曬品的成分沒有造成粉刺的傾向。建議不要使用防曬油或霜類等比較厚重的防曬品。

②乾性肌膚

肌膚粗糙不容易上妝，宜選擇含油脂比較多，而且具有保溼性的霜狀防曬用品。

③敏感性肌膚

肌膚容易過敏、搔癢及脫屑，挑選時應選擇帶有"Hypoallergenic"字樣的產品，這說明防曬品的成分屬低過敏性，並儘量選不含香料，防腐劑的產品，基本上乳液狀、噴霧狀的防曬品適合各種膚質使用。

④中性肌膚

此類肌膚的選擇較為廣泛且無重大限制。通常乳液狀、噴霧狀的隔離霜都適合此種膚質使用。

小叮嚀：無論何種膚質的人，選擇防曬用品時，最好先在自己的耳後或者手腕內側進行試用，如果15分鐘內出現皮膚紅、腫、癢的話，表示你對該產品有過敏反應，應該選擇其他品牌的防曬用品。

全方位防曬，如何正確擦防曬乳

防曬是一個需要長期抗戰的工程，除非你不在意。短時間雖無法看出效果，但只要時間夠長，同樣的年齡，一個勤做防曬，另一個則是順其自然的美女，等到五年後，就可以明顯看出她們外觀上的不同。

防曬一定要有萬全準備，千萬不可只做一半，全方位防曬是每天出門必塗防曬乳、戴大寬邊帽、拿陽傘、穿長袖衣物及戴墨鏡，如此就不怕紫外線這個全民公敵來攪局！「防曬做對了，抗老化、美白就成功大半」、「現在做好防曬，五年後就可見真章！」要做一個真正的防曬達人，就要如青蚵嫂的「蓋頭蓋臉」裝扮才是真正全副武裝的全方位防曬。

防曬的裝備可以參考紫外線指數，影響紫外線強度的因素包括季節、雲量、大氣中的臭氧總量和陽光角度等，即使是陰天也要擦防曬。影響防曬效果的因素是擦得夠不夠或擦得勻不勻稱，標準要每平方公分2毫克，但也不要擦得太厚，而且至少要在出門前20到30分鐘擦，才能使化學性防曬成分發揮最大效果。全身有可能暴露在陽光下的部位都要擦，嘴唇也有被曬傷的可能，所以記得要擦上有防曬作用的護唇膏。

3. 保養品的使用、分區概念、步驟一定要一成不變嗎？

臉部位保養首重獨立區：

(1)眼周保養

上眼皮、下眼皮及眼尾是眼睛皮膚最重要的保養位置，上眼皮最怕的就是下垂，尤其35歲以上的人，很多慢慢都有上眼皮下垂的現象，看起來老態沒有精神，下眼皮有放射狀細紋、黑眼圈及泡泡眼袋，眼尾有可以夾死蚊子的魚尾紋。主要保養重點為保溼、抗老化，抗地心引力下垂反應及降低眼皮收縮次數，並可使用比較滋潤的眼霜配合按摩來保養，有不錯的效果哦！

保養重點：

①在早晚清潔臉部後，用小指取適量的眼霜，輕塗眼睛四周。

②以輕按壓的方式，均勻地輕輕將眼霜拍打在眼周肌膚上，著重在下眼窩和下眼袋眼頭至眼尾，以食指及中指有律動性的由內向外輕拍2到3分鐘。眼頭處以中指指尖垂直輕輕按壓，促進眼部肌膚的血液循環。眼尾處以中指及食指指腹輕輕按壓，並將中指及食指微開，往上下輕推可改善魚尾紋。

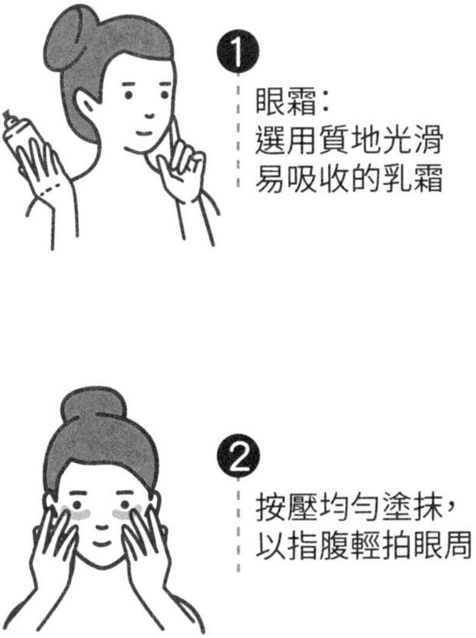

▸眼周保養圖

現在發展出的上下眼膜有保溼、美白、拉提及舒緩型，也可以在保養最後的步驟裡加入使用，幫助改善眼周的暗沉、細紋、鬆弛及下垂。

(2)兩側太陽穴部位保養

如果太瘦或老化太快，兩側太陽穴會下陷萎縮造成眼眶突出，所謂夫妻宮、太陽穴凹陷會造成夫妻不和，其實也是一種老化皮膚萎縮的現象。

保養重點：

兩側太陽穴凹陷保養不容易，以保溼、抗老化，刺激膠原蛋白增生為主。

(3)T字部位保養

對油性或混合肌的人而言，這個部位的保養非常重要，主要保養重點在清爽不油膩。從眉宇、眉心、鼻子、鼻翼兩側往外1公分都是油脂分泌多、毛孔粗大區，容易有黑白頭粉刺及泛紅。

保養重點：

除了適當用杏仁酸洗卸露清潔外，還可用收斂型化妝水來收斂油脂，每天晚上睡前可用7% 杏仁酸煥膚精華塗抹，並可二星期做1次輕度去角質。

(4)嘴唇部位保養

嘴唇本身沒有汗腺、皮脂腺，角質相當薄，也很敏感，容易乾燥裂傷，嚴重時甚至會流血。天冷環境乾燥，身體容易缺少水分，造成嘴唇乾裂，應適當補充水分，否則容易造成唇紋明顯與嘴唇乾裂，甚至會導致疼痛、流血及感染。

若常舔嘴唇，也容易造成惡性循環，舔嘴唇容易造成刺激性皮炎，主要是唾液所致。其實舔嘴唇並不能使嘴唇滋潤。因為當用舌頭舔嘴唇時，所帶來的水分會蒸發，而蒸發時，又帶走了唇部本來含有較少的水分，使得嘴唇更感乾燥，這樣反覆乾燥的狀況，最後就可能在唇部造成了類似溼疹的後果。此外，經常舔嘴唇也容易造成唇角發炎，因為用舌頭舔嘴唇時，會在唇部留下唾液，唾液中含有多種能夠幫助消化的成分，可能引起唇角發炎。

保養重點：

加強保溼及修護。嘴唇乾裂、唇部出現乾皮時，應避免直接用手撕除。可先用熱毛巾敷唇3至5分鐘，再用柔軟的軟刷輕輕刷掉唇上的死皮，然後抹上潤唇霜，也應避免馬上抹口紅、上化妝品，以免傷害唇部柔嫩的皮膚。需要經常騎車者，可戴個口罩擋住外面的寒風，幫助保持嘴唇的溫度和溼度，以免缺水、乾燥。

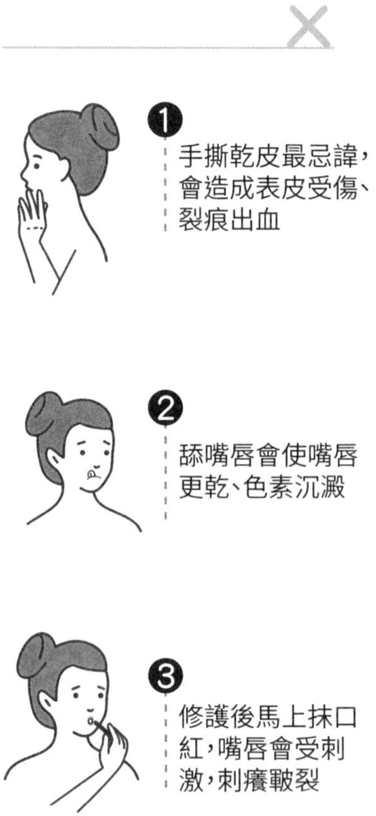
1
手撕乾皮最忌諱，會造成表皮受傷、裂痕出血
2
舔嘴唇會使嘴唇更乾、色素沉澱
3
修護後馬上抹口紅，嘴唇會受刺激，刺癢皸裂

(5)兩頰及下巴部位保養

主要因過瘦，或老化真皮層膠原蛋白退化太快，肌膚無法順利製造膠原蛋白及彈力蛋白，導致臉部下垂及兩頰凹陷、下巴往內凹並線條消失，而且肌肉下垂壓迫到頸部，造成多層皺摺的頸紋。而下巴也是許多人，尤其女性容易長痘子的部位，男性也常常因刮鬍子清潔不當造成感染，一旦發生感染就是又紅又腫又痛的大痘

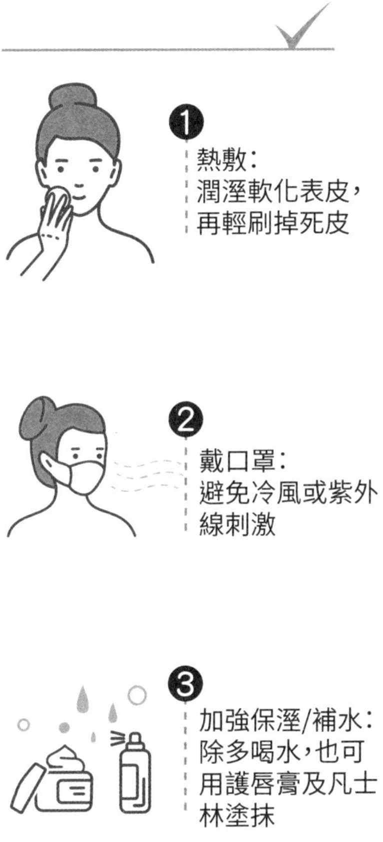
1
熱敷：
潤溼軟化表皮，
再輕刷掉死皮
2
戴口罩：
避免冷風或紫外
線刺激
3
加強保溼/補水：
除多喝水，也可
用護唇膏及凡士
林塗抹

▸嘴唇保養圖

子，所謂青春沒了痘還在，真是令人苦惱。

保養重點：

兩頰要保溼，下巴部位要注重清潔並可定期做去角質，若有戴安全帽者安全扣帶則要常清潔，兩頰及下巴可做定期按摩，由下往上推，一天2次每次5到10分鐘，可以減少臉部下垂。

(6)頸部位保養

再怎麼勤於保養臉部的肌膚，若是忽略了脖子的保養，像是年輪的頸紋及雞皮的粗糙還是會悄悄走漏你年齡的秘密！因為頸部皮層比較薄、周圍分布重要血管和神經，故臨床治療上多不建議貿然施打肉毒桿菌、左旋乳酸等填充物成分。而且由於頸部皺紋一旦生成，就很難逆轉，因此想要有效處理頸紋問題，常需要進行拉皮手術治療，將多餘的鬆弛皮層往上拉緊，才有可能得到預期的紋路改善效果。不過不想做美容醫學或動手術的人，還是可以靠保養來達到改善頸部紋路或粗皮的目的。

保養重點：

①加強保溼，抗皺拉提

每日早晚使用保養品時，加強肌膚保溼，並使用含有拉提緊緻成分的保養品，如極緻修護精華液，塗抹於耳後及頸部四周到鎖骨上方，自然能防止皮膚因缺水、乾燥而導致深層紋路產生，也能改善鬆弛的現象。

②拍打按摩，減少低頭擠壓

不良習慣，尤其長時間低頭看手機要避免，頸部肌膚長期擠壓就會變成混合型動靜態皺紋，所以平時要養成由下往上，由內而外輕柔按摩脖子肌膚的習慣。而且頸部儘量不要一直固定同一種姿勢過久，睡覺姿勢最好仰睡，避免長時間側睡擠壓頸部，要選擇合適高度及軟硬適中的枕頭，讓頸部在睡覺時伸展正常。並可藉由適度的按摩動作，促進頸部胸鎖乳突肌肉、淋巴及深層頸靜脈及動脈血液的代謝，循環暢通，因不當擠壓而緊繃、僵硬的肌肉自然也就會放鬆有彈性。

③加強防曬

頸部的老化及紋路產生是非常快的，所以頸部前後也要防曬，減少紫外線對肌膚的刺激，達到防止膠原蛋白流失、預防紋路生成及角質增生的目的。夏天外出時頸部繫上一條降溫領巾，不但可抗熱又能防曬，一舉兩得。

④減少搔抓

頸部也是皮膚很敏感的部位，一旦受到刺激就會敏感搔癢，造成色素沉澱及皮膚粗糙現象。因此選擇領巾、圍巾時，建議盡可能挑選絲質、棉質等相對柔順、對頸部比較不刺激的材質。平時避免搔抓脖子，也有助避免頸部皮膚因不斷摩擦而變得脆弱，造成溼疹及病毒感染的方法。

(7)頭皮部位保養

愛美是人的天性，很多人會重視身體各部位的保養，往往卻疏忽頭皮！頭皮問題其實不亞於身體，而且會反覆發生。引發頭皮問題的原因很多，若是保養做不到位就會有頭皮老化、落髮、頭皮屑、白髮提早發生及頭皮炎等問題，所以頭皮保養很重要，而且要對症下處方，保養才有效。

頭皮老化是頭皮保養最重要的關鍵，不只臉皮會日漸鬆弛，頭皮也會有初老現象，不少年輕患者，年紀輕輕髮色便已從烏黑轉成灰白，頭髮的密度也大不如前，這時的你就要小心頭皮已產生問題。

你知道你的「頭皮年齡」嗎？

為什麼「頭皮年齡」會老化？

①作息不正常、身體內分泌不穩定，頭皮荷爾蒙受體接受的訊息就會不正常，頭皮也就會不健康。

②「長時間曬太陽」是造成頭皮提早老化的重要因素，紫外線傷害頭皮已是無庸置疑。

③吃太多甜食及抽菸，也會使頭皮受到不好的自由基攻擊而老化。

④染燙頻率過高，造成頭皮傷害也是不可忽視的原因。

判別「頭皮年齡」老化的指標

①每1平方公分的毛囊／頭髮數量

正常健康的頭皮，每1平方公分內大約有110個毛囊單位、約250根頭髮，如果數量太少，就代表頭皮年齡有老化的現象。

②每個毛囊長出的頭髮數量

正常的毛囊，每個毛囊約可長出2～3根頭髮，如果每個毛囊都只有1根頭髮，就代表毛囊可能有萎縮老化的現象。

③頭髮粗細

如果前額和頭頂的頭髮變細，就代表毛囊開始萎縮，是頭皮年齡老化的跡象。

④頭髮顏色

東方人的頭髮是黑色的，若還沒50歲就開始有白或灰白頭髮出現，甚至頭髮顏色不再亮黑，就代表頭皮老化毛囊黑色素小體製造黑色素的功能退化，頭皮毛囊吸收養分的作用也降低。

⑤每天落髮數量增加很多

頭皮的問題最直接的就是頂上髮量減少，但是落髮和禿頭之間並沒有絕對關係！每天掉100根上下的頭髮都在合理範圍內，其實不必太擔心。最怕的是異常落髮，異常落髮就是跟你平常的掉髮量不一樣，而且連續超過兩週，若洗頭頭髮會塞住排水孔，或起床後枕頭上有很多的頭髮就必須要注意了！

⑥頭髮生長速度變很慢

一般平均每個月頭髮長度，約長1公分以上，夏天又長的比冬天快，若是頭髮都長不長或是變細，就是表示頭皮血液及淋巴循環有問題及供應頭皮營養不足，頭皮毛囊不健康，頭髮就會長不好。

⑦頭皮平衡失調

頭皮的性質改變，乾性或溼性頭皮屑突然變多，或出油量增加，容易感覺又刺又麻、緊繃、紅腫發癢，以及頭髮乾澀、毛燥、缺乏光澤，都代表頭皮的含水度不足或油水不平衡，也是頭皮老化的徵兆。

⑧落髮問題

1. 遺傳性落髮

當頭皮毛囊接收到「雄激素」過度刺激時，這是一種男女體內都有的荷爾蒙，它會分泌過多油脂攻擊毛囊，毛囊就會出現萎縮的現象，頭髮會逐漸變細、出油量增加並開始掉落，這就是所謂的雄性禿，也就是常見的「遺傳性落髮」。而女性體內也有雄激素，頭皮毛囊也可能接收雄激素的作用，因此女性也會有「遺傳性落髮」的問題，而且不在少數，約佔所有女性落髮中的80%以上。遺傳性落髮造成許多男性與女性的困擾，以往禿髮問題多好發在40～60歲以上的中老年男性，但是近來在飲食西化、生活壓力增加，以及加班熬夜等因素的影響下，導致現在許多年紀在20～40歲的男性或女性就已經有明顯的禿髮問題。

2. 圓形禿落髮

即鬼剃頭或壓力性落髮。現代人常熬夜、作息不正常、睡不好、壓力大導致免疫力下降，甚至沒有任何病因，造成頭髮一撮撮的如錢幣形掉落，這些都是落髮的原因之一。圓形禿嚴重時，落髮部位不限於頭髮，全身毛髮也都可能掉落，造成宇宙禿，非常殘酷。毛髮生長需要血液供應養分，長期失眠、睡不好，肝臟不能休息，血液運輸便會出問題，若頭髮長期沒有補給充分營養，便會加速圓形禿落髮。

3. 休止期落髮

大量生長期的頭髮突然進入休止期會造成掉落。一般來說，落髮後三到六個月就會再生，健康頭髮的正常壽命為三年以上，平均90%的頭髮都是處於生長期。如果因為毛囊受損，無法供應養分，將更快進入休止期和退化期，因此頭髮生命周期會愈來愈短，造成大量落髮。常見的發生原因有嚴重的身體疾病、頭皮受傷、產後落髮、手術創傷、快速減肥及營養不均衡等等，在事件發生兩到三個月後，甚至更久有時四個月到半年後才發生，另外有些藥物吃一段時間後也常常會引起休止期落髮。

「頭皮老化」保養之道

①頭皮清潔，維護毛囊健康

「頭皮清潔非常重要，如果頭皮汙物、油脂和角質沒清掉，就容易阻塞毛囊引起發炎，毛囊受傷反而會讓頭髮掉得更厲害」。可選擇弱酸性洗髮精或弱酸性肥皂清洗，洗髮時先清洗頭皮再洗頭髮，水溫和吹風機溫度都不宜過熱。

②頭皮最怕紫外線，更要做好防曬

頭髮就像稻草，頭皮就像稻田。頭皮長時間受紫外線照射，會加速頭髮的蛋白質和水分流失，髮幹中的胺基酸會吸收部分紫外線，尤其紫外線A，會產生直接導致頭皮及頭髮老化的毒性自由基，使頭髮變得暗淡、脆弱、乾燥、沒彈性甚至斷裂。頭髮變質、胺基酸破壞，頭皮也會變得脆弱敏感，如果不想讓頭髮變得像「乾枯稻草」一樣，外出時，尤其在烈日下就必須要注意頭頂的防曬工作。一旦頭皮曬傷發炎造成毛囊不可逆的傷害，反而得不償失。所以除了不要長時間曝曬烈日下，戴帽子、撐傘及頭皮、頭髮噴防曬劑絕對不能少。

③適度按摩頭皮，養髮護髮為首要

女性頭髮較長者可使用潤絲、護髮等美髮保養產品，最好塗抹在髮梢部分就好，避免所含油脂堵塞毛囊，反而造成反效果。另外，有些頭皮養髮液含有益生菌、鋸棕櫚、咖啡因等成分，具有很好的調理和滋養作用，透過髮梳、頭型紅光照光儀、頭皮導入按摩棒，及頭皮按摩穴道手法，加上養髮液滋潤，都可促進頭皮淋巴血液循環，讓頭皮軟化、健康、髮質比較強韌，看起來更豐盈。

④減少染燙次數

永久性的化學染劑直接接觸頭皮，最容易引發頭皮紅腫、過敏，甚至造成毛囊發炎，進而引發掉髮情況。所以最好至少間隔三至六個月，避免傷害頭皮及頭髮。染劑中的成分「對苯二胺」（簡稱 PPD），有研究文獻顯示會引發皮膚過敏，甚至對泌尿生殖有害，引發膀胱癌。

染髮前可先在頭皮、前額、耳背和頸背等部位塗抹頭皮保護液如乳霜，凡士林或乳液，保護皮膚不受染劑直接接觸而引發過敏反應，若染髮前頭皮有傷口或皮膚炎，也千萬別染髮。

很多人使用植物染或暫時性染髮劑，擔心染髮不容易上色或顏色不持久，其實這類染髮劑頂多也只能持久三星期到一個月左右，所以染髮前一至二週應暫停使用潤絲和護髮產品；染髮20分鐘後，讓染劑充分被頭髮吸收後再洗去，另外染髮後二、三天內盡量也先不要洗頭，因為染髮劑的人工色素還未完全滲入髮幹，撐個一、三天，染色粒子滲入髮幹內穩定後，色澤也比較持久，染髮後暫時也不要使用潤絲精。

1.局部暫時性染髮比較安全

白髮除了染髮外，目前似乎沒有更有效的改善方式。許多人雖然都知道染髮劑的危害，但對於「只要美不怕流鼻水」，不怕傷害堅持想要染髮的民眾，坊間有販售暫時性的染劑，例如髮粉或補色筆，只要出門前撒在頭髮上，同樣有白髮變黑髮及髮量增多的效果。染髮劑中的化學成分會透過毛囊吸收，要小心「經皮毒」會慢慢累積在身體裡，若還是想染髮或想遮蓋白髮，建議選擇半永久性染劑或植物染，這類染劑化學成分少、褪色較快，染劑只附著在頭髮表面，不會進入髮幹，相對比較安全，且每次染髮要間隔三個月。而想遮蓋白髮的人，若不是整頭白髮的話，用局部補染或挑染的方式較佳，不要整頭都浸潤在染髮劑中。

也可以使用噴霧式的染劑或用含銀離子的，照光頭髮變黑，作用也比較不傷頭皮及頭髮，只要沒有對苯二胺、染劑不要直接接觸頭皮，都可以使用。

2.局部白髮挑染或戴髮片

許多人一發現白頭髮，就會想馬上將它拔掉，造成白頭髮的主要原因是由於不明原因老化，細胞製造黑色素機能降低所致，若強行拔掉白頭髮，可能會引發毛囊及周邊組織發炎及受傷。有人說白頭髮會越拔越多，這是沒有醫學根據的，但是提醒民眾，有了白髮千萬不要冒然拔除，以免周邊的毛囊組織拉扯受到傷害。若是局部性白髮，建議可以局部挑染或用染色筆，不要整頭染髮，也可選擇戴髮片或是戴假髮取代染髮，不僅選擇多樣，也比較能減少全頭染髮帶來的傷害。

3.一次搞定，同時染燙髮好嗎？

頭髮主要成分是蛋白質，而胺基酸是蛋白質最大組成分子，染燙產品都含有化學成分，頻繁染燙確實很傷頭髮和頭皮，也會讓髮根髮幹變質，若想要進行染燙髮，則建議染髮一週前後不要進行燙髮、燙髮一週前後不建議進行染髮、脫色脫染後一周前後也不建議燙髮會比較恰當。

女性愛美免不了染燙髮，到底是要同時燙染一次完成、先燙再染、還是先染後燙比較不會傷害髮質？

其實染燙對髮質都有一定程度的傷害，因為製劑都是化學物質，尤其燙髮藥劑裡面的阿摩尼亞成分，會讓染髮劑褪色，所以美髮專業上都是先燙後染，讓髮質燙後穩定修護後再染髮，千萬不要同時讓染燙髮一起來，才不會傷害頭皮及頭髮。

⑤頭皮發炎盡早治療

典型的頭皮炎最常見的就是脂漏性毛囊炎，頭皮脂漏性毛囊炎好發於年齡20歲以上，天氣變化不穩定、季節轉換之際，安全帽戴太久沒清潔、時常生活作息不正常、熬夜、失眠睡不好、飲食偏好重口味辛辣、油膩或甜食，頭髮常造型、髮油髮蠟塗太多以及時常染燙髮，都可能是引起頭皮發炎的原因。患者的頭頂、髮際線、太陽穴及枕後區等部位，會出現類似長痘痘的紅腫發炎反應，又痛又癢抓破恐怕會引起皮膚感染、化膿:，若導致毛囊反覆損傷，毛囊就會壞死甚至會造成瘢痕性落髮。

「脂漏性毛囊炎」一旦發生就會常常復發，而且很難斷根。患者若有頭皮發炎及不舒服等症狀，最好立即尋求醫師治療，建議平常就要保持正常的生活作息，少吃辛辣刺激性等食物，戒除抽菸、酗酒等習慣，才可以減少症狀反覆發生。保養清潔很重要，可使用藥用洗髮精及一般洗髮精交替使用，藥用洗髮精一星期2次即可，治療上須塗抹外用藥膏、藥水、口服抗生素及抗組織胺。

⑥防白髮增生，補充蛋白質養分

年輕人要預防白髮增長，除了養成良好的生活習慣外，飲食也須格外注意，由於頭髮是由胺基酸組成，因此蛋白質養分的補充一定要足夠，如瘦肉、魚肉等含有豐富的蛋白質，及多補充含鋅、銅、鐵等微量元素的食物，特別建議有白髮困擾的民眾可以多補充。除此之外，海帶也可以讓秀髮呈現烏黑亮麗，但要避免過量食用，以免引發甲狀腺機能亢進。

⑦換季落髮及頭皮敏感

導致落髮的原因很多，季節交替是一重要因素，在春夏及秋冬季節變換時，頭皮對溫度的變化還無法完全適應，導致血液循環變差，影響頭髮營養的供給；此時荷爾蒙的改變也會影響毛囊，頭皮會變得比較敏感。

換季期間常會有頭皮屑的問題，是很正常的現象，若是乾性且細小的生理性頭皮屑，只要沒伴隨著頭皮的搔癢，多半會隨著適應氣候溫度而慢慢緩解。但病態性頭皮屑是頭皮發出的警訊，與疾病發作有關，一旦頭皮屑又多又厚和頭皮紅腫，又伴隨著油垢味與搔癢，這樣的現象通常與乾癬、異位性皮膚炎或脂漏性皮膚炎有關，若不治療就會愈來愈嚴重，需要及早就醫。

對於中性與乾性頭皮的人，在換季期間不一定需要天天洗頭，可視頭皮清潔狀況兩天或三天洗1次即可；若是油性頭皮的人當然還是建議每天清潔。每個人髮質不同，洗髮精方面應選擇溫和不刺激、無矽靈、成分單純、不太濃稠、又不太香的單效產品，搭配正確的洗頭流程，就可以減少對頭皮的刺激。

洗髮精不只是洗頭髮，主要還是要改善頭皮的清潔狀況。洗髮時用溫水，並用指腹清潔，因為太燙的水或指甲抓搔，都會刺激頭皮，過度代謝並產生頭皮角質增生的現象。洗淨後先用毛巾擦吸附頭髮水氣，吹頭髮時也不能用太熱的風吹，吹風機和頭髮距離至少要離20～30公分，利用低溫風量來吹乾，頭皮約7成乾的程度即可。另外也不能用尖銳的梳子大力去刮頭皮。

換季落髮及頭皮問題，頭皮養護的重點就是「頭皮清潔」及「深層滋養與按摩」。選擇正確的頭皮護理產品是第一步，可選擇含有益生菌、胺基酸、Capixyl四胜肽、紅花苜蓿、玻尿酸、膠原蛋白成分的產品，來補充頭髮的基本元素，修護髮質，讓頭髮更強韌、更健康。

平日洗髮後，頭皮養護還可使用養髮液來保養，好的養髮液的確對頭皮、頭髮有強健功能，透過如益生菌、胺基酸、咖啡因等成分來活化頭皮，再配合適當的頭皮按摩來促進血液及淋巴循環，而且切記要避免聽信偏方，如塗抹生薑、酒精、避孕藥在頭皮上等，以免刺激頭皮造成過敏、發炎等症狀。

溫柔正確地呵護頭皮，遵循以上原則，才能讓你輕鬆找回健康秀髮生命力，在季節交替時戰勝落髮危機。

(8)體背部位保養

身體軀幹不清潔，溼疹、黴菌就容易上身，而且體味也會不好聞，所以也是一種溼熱病。炎熱夏天在陽光下，或是運動健身完，爆汗滿身，總是令人感覺不舒服，不只黏TT的感覺令人不適，當肌膚上的汗水遇到微塵，更可能因吸附表皮直接造成大量病源滋生！

尤其天氣熱時若沒有讓身體保持清爽不黏膩，皮膚毛孔容易阻塞導致長痱子、毛囊發炎，脖子、腋下、胸部、軀幹、背部更是好發位置，當然還會有影響美觀的汗斑。由於導致汗斑發生的原因與皮屑芽孢菌過度繁殖有關，皮膚斑塊會隨著病程從淡粉色、咖啡色，一路演變至白色，甚至伴隨有脫皮、脫屑等症狀，故得此名。且因為斑塊大小、色澤不一，也被不少人稱為「花斑」或「變色糠疹」。

當然正確洗澡，保持皮膚清爽、乾淨，是體背部位保養最有效的方法。

體背部位保養這樣做，落實五大自我保養方針

①衣物要寬鬆

不要穿太緊的衣物，應選擇寬鬆、不緊身、不貼身的衣物，讓肌膚有機會透氣，以減少悶熱感產生。

②選擇透氣、散熱、排溼衣物

對於運動量大、須長時間在戶外陽光下工作、或容易大量流汗的人，最好能選擇具有吸汗、排溼、散熱作用的棉質機能性衣物來幫助汗水吸熱及散發，就不容易有溼疹或皮膚炎。

③用微溼毛巾或手巾適度擦乾身體、更換衣物

流汗後盡快擦乾、更換汗溼衣物，也是減少毛孔阻塞及皮膚感染的好方法。

④應避免長時間曝曬陽光

紫外線熱傷害的刺激也會使人體肌膚因光敏感，而使免疫力變差，進而使金黃色葡萄球菌及馬拉氏皮屑芽孢菌有機會誘發發炎反應。因此皮膚敏感的民眾，平時就應做好防曬的工作，如果民眾能選擇含有抗細菌或ketoconazole抗黴菌成分的洗劑，適度清潔患部，尤其胸背及腋下，的確能輔助降低皮屑芽孢菌的滋生，改善黴菌性毛囊炎。

⑤每天勤洗澡

洗澡非常重要，水溫盡量不要超過40度，洗完一定要擦乾。可以選擇含有洋甘菊、綠茶、尿素囊、甘草酸、甘草精、沒藥醇等成分的沐浴乳，沐浴皂則可選擇含有琉璃苣油、甜杏仁油、摩洛哥堅果油、珍珠粉、玫瑰精油等成分的肥皂，可以淨化汗味、細菌、黴菌與流汗後的黏膩感，更能使身體達到清爽、舒緩、防護，沒有黏膩感及皮膚發炎的負擔！

(9)手、手背、手肘保養

在皮膚科門診中四肢部位因粗糙、暗沉來求診的民眾也不少，手背、手肘、膝蓋關節及小腿前側等部位皮膚的特點就是脂肪較少，極易缺乏油脂及水分，相當容易形成肌膚的乾裂粗糙紋路變厚，皮膚乾燥的民眾更要注意加強保養。

①手　部

手部因天天工作，會磨擦變粗、變厚、變黑，除了有慢性溼疹性皮膚炎外，很多是美觀的問題，有的是先天的、有的是後天造成的。大部分後天的手部問題，尤其是女性最在乎「如何擁有一雙柔軟的纖纖細手」的疑問，顯現保養手部其實是非常重要的。

手部、手掌最常見的就是像富貴手般的脫皮，甚至皸裂。清潔劑、熱水要少用，不要隨便剝剪手指旁的小肉刺。因為手部已經有乾燥的現象，皮脂膜不健康，所以指溝旁會起皮、有小肉刺，但絕對不要強硬拉扯起皮的小肉刺，因為這樣會有可能產生撕裂傷口而感染發炎，造成急性甲溝炎紅腫、化膿、抽痛甚至有蜂窩性組織炎的危險。

保養之道：

清潔劑、熱水要少用，洗完手立即擦乾，刺激性或髒的東西少碰，可以選用油脂較多的乳液或護手霜，如含有甘油、凡士林或凡士林乳液、植物油、礦物油等成分保溼劑，一天可以使用多次。

②手背

手背的手指關節處常會有粗糙、變厚、搔癢的問題，也常會有類似老人斑的咖啡色的角質增生，而年紀大或太瘦的人，手部的脂肪量較少，青筋浮現當然會特別明顯，有的人甚至在手背或手臂也常會出現如瘀青的紫斑，這都是皮膚太薄或老化所造成的。

保養之道：

不要常讓手長時間浸泡在水中，使用的水溫也不能太冷或太熱，尤其過熱的水會使手的皮膚水分散失而變得乾燥粗糙。也要避免手背或手臂的磨擦或受傷，以減少瘀青的紫斑。當做一些洗衣服、洗碗筷、拖地板等需要常碰水的家事時，一定會接觸到像洗碗精、洗衣精等強力清潔劑，記得一定要戴手套。當然一樣要防曬及保溼才可以減緩手部老化速度，所以護手霜的使用一定連手背都要擦到，避免因乾燥造成的紋路產生。必要時可使用去角質產品，輕輕按摩手背，搓掉老化角質，再配合含AD成分乳膏護手霜或乳液也可使手背光滑細緻。

③手　肘

手肘處容易有一顆顆粗糙的小節結或變厚暗沉的皮膚。手肘位於骨頭關節接合處，彎曲時會突出，最容易磨擦撞擊到，皮膚皺褶多，角質層容易增生也比較肥厚，加上工作、運動常會受擠壓、磨擦的關係，使得此處的皮膚因外來的刺激造成粗糙、脫皮甚至會看起來比較暗沉，皮膚便不會那麼光滑細嫩。

保養之道：

減少磨擦，溫和去角質能幫忙減緩這些問題，建議可先用溫水浸泡5到10分鐘，讓角質軟化，之後再利用磨砂膏、去角質霜等產品或含杏仁酸、水楊酸、維生素A醇、維生素A醛、維生素A及其相關衍生物等成分，輕柔為手肘去角質，去完之後加強用美白保溼乳液或含尿素及AD成分乳膏保養。

⑽膝蓋保養

許多女孩常常抱怨兩腳膝蓋色素很深、很粗糙、凹凸不平影響美觀，膝蓋也是身體很容易被碰撞到及受傷的位置，而且此處皮膚皺摺多會有鬆垮現象，角質層也比較厚。不但會有肌膚暗沉，還容易因受傷形成蟹足腫或肥厚性疤痕。

保養之道：

如同手肘保養，最重要的就是避免受傷撞擊及磨擦，尤其要減少常常下跪擠壓。輕柔為膝蓋去角質，使用比較油性乳液，膝膕區也要塗抹，因為此位置容易搔癢及皮膚暗沉。

⑾腳部保養

腳的保養可以把腳分成三部分，即腳趾、腳掌、腳邊緣，而腳的問題有溼疹如汗皰疹、香港腳、凹陷性腳質溶解症，而角皮增厚、角皮屑及灰指甲也是會影響外觀的問題。

① 腳趾

腳趾的問題是許多女性非常關心的，因為喜歡穿涼鞋或在公共場所要脫鞋。而此時最怕的就是腳趾不美觀，除了常見的灰指甲外，還可能有甲溝炎、凍甲及趾甲旁小肉刺等，而腳趾甲變形及甲面凹凸不平、色素沉澱、斷裂、脫落也是常見。腳趾也常會有脫皮、脫屑、搔癢、乾裂甚至變厚長雞眼等現象。

保養之道：

正確地修剪指甲，不要將腳趾甲修的太短，而且腳趾甲應修平，不要沿著趾甲的弧線修，才可以防止兩端邊角長入趾肉內，引起發炎疼痛形成嵌甲，也就是所謂的凍甲。也不要將趾甲修剪得太短，而且應該穿大小合適並且不要太硬的鞋子。鞋子及襪子的選擇對腳的保護是非常重要的，鞋子的厚度、大小、形狀都會影響腳趾，不舒服太硬皮的鞋、不合腳的鞋，甚至襪子的不舒適都可能會造成足部壓力性長繭、足底筋膜炎、甲溝炎等，甚至會影響腳趾硬皮生成的範圍。因此，想要避免角質層變厚，或持續性的物理刺激導致足部長繭、出現雞眼，建議最好能養成定期變換鞋款，少穿尖頭鞋、硬底鞋的習慣，都有助於防止上述情況產生。

②腳　掌

腳掌又分前半、中間及後腳掌區，前及後腳掌皮膚因腳踩施力的關係腳皮會比較厚，中間腳掌區則比較薄，腳掌最容易出現的皮膚問題就是長繭、脫屑及長小水泡，甚至感染病毒疣，有時也會有皸裂現象。

保養之道：

盡量不要赤腳走在地上，運動時也要盡量避免腳底過度摩擦，每日清洗腳掌時使用溫水而不要用太熱的水，並使用溫和弱酸性的肥皂。洗腳掌時，中間腳掌區不要用剛硬毛刷、磨石或銼刀摩擦腳，否則容易造成腳掌皮膚破損感染。洗淨後要輕輕用毛巾吸乾及注意趾縫之間是否有擦乾淨，太多腳汗時，則不適合用爽身粉或滑石粉塗抹，以免腳底溼黏。想要讓雙腳細嫩、光滑不粗糙，可以使用含有尿素、凡士林等保溼成分的乳液，去角質則可以使用水楊酸或酵素成分，或適當使用足膜效果會更顯著。

③腳邊緣

腳邊緣及腳跟最容易有厚皮增生及皸裂現象，而腳踝等關節處會有角質硬化及色素沉澱，尤其許多女性因在乎美觀而不敢穿高跟鞋。要去除腳皮前，一定要先確定是否有黴菌感染，黴菌感染也是導致腳皮變厚的原因之一！譬如，角化性的香港腳就是相當典型的案例，這類患者往往會在腳跟兩側、腳跟處出現厚皮、脫屑的情況。長期下來，甚至會因厚皮，而導致外用藥膏無法進入皮膚內部，發揮去除黴菌的功能，進而影響藥物效果。因此，針對這類患者，建議不妨可適度針對局部患處進行去腳皮的動作，能有助改善香港腳問題。

不過，為避免造成續發性感染使病灶擴散，建議最好能只針對局部進行就好，同時也要注意器具的清潔，使用後，適度以藥用酒精擦拭，都有助於防止黴菌感染範圍擴散。去腳皮後，再配合香港腳的治療，才能有效改善腳皮增厚。

保養之道：

1. 軟化角質

首先雙腳浸泡在溫水中，每次5～10分鐘讓溫水逐漸軟化腳部的硬皮，接下來去除腳皮的過程中，較不會拉扯及傷害到皮膚。

2.溫和磨腳跟去厚皮

腳跟部分是最經常與鞋磨擦的部位，所以容易增生厚厚的死皮。可使用磨石去除腳跟死皮。而腳邊緣表皮粗糙及龜裂部位，則應用磨石或銼刀輕輕摩擦，不要用刀片刮，否則施力不當很容易割傷，造成感染。然而，現在也有使用足膜去腳皮，足膜多含有水楊酸或酵素成分，功能也是軟化角質、幫助角質脫落，恢復柔嫩肌膚，但依舊不能過度使用，只能當成定期去角質的工具之一。

3.淨化暗沉色素

腳背面的部分常因穿鞋磨擦容易色素不均勻，會使雙腳膚色看來呈灰黑色，用腳部磨砂膏或水楊酸為腳背做去角質，可使腳背顏色淡化。

4.加強保溼幫助肌膚修護

每日早晚或覺得乾澀時即可塗抹腳部護腳霜，可使雙腳保持最佳保溼狀態，十分簡單有效。在適度去腳皮後，馬上塗抹油、水比例均衡的乳液、乳霜類產品，形成一層保護膜。若很乾燥的膚質，則可以使用凡士林、甘油、綿羊油等油脂較多的保溼劑。

第四章 行動中的肌膚保養

1. 危肌四伏：PM2.5加速皮膚崩壞，誰扼殺了你的皮膚？

空汙下常騎車，皮膚竟脫屑滲組織液

門診中一名29歲的男子，每天早晚騎車上下班，車程時間近一小時，由於近期空汙問題嚴重、霾害問題多，細懸浮微粒超過標準，加上冬天冷風刺激，誘發刺激皮膚症狀發作。該名患者本身有異位性皮膚炎，本來控制得還不錯，已有段時間未用藥物，近期皮膚突然出現從臉到身體明顯乾癢而且粗糙脫屑，二週後不僅破皮刺痛還滲出組織液，這時才趕緊就醫。經口服抗組織胺及消炎藥，幫助止癢、消炎防感染，還有外擦類固醇藥物，才改善症狀。

病例分析

異位性皮膚炎常見皮膚癢，在身體、腹部、四肢、背部等，有苔蘚化的皮膚病變。尤其空氣品質差時，溫度每下降1度，皮脂分泌就減少百分之十，若再加上PM2.5的細懸浮粒子隨風飄到皮膚，或穿透口罩或衣服，接觸人體皮膚後引起發炎反應，造成皮脂膜受損，破壞肌膚保溼功能，久之，皮膚愈發乾燥，還可能造成敏感性肌膚、色素沉澱或加速皮膚老化等現象。應盡量避免在戶外待太長時間，且需注意保溼，例如擦些保溼乳液、洗澡水避免洗太熱、遠離過敏原，像飲食少吃海鮮及辛辣刺激物，盡量清淡。衣服多選棉質衣物可減少刺激。天冷也應避免過度進補，讓身體燥熱，以免增加皮膚搔癢的發生率。

空氣汙染也是造成皮膚傷害的重要凶手

空氣汙染主要可以分為化學汙染和生物汙染兩部分。最近幾年，國內外已經有很多文獻證實空氣汙染確實與皮膚過敏、異位性皮膚炎、蕁麻疹、青春痘甚至皮膚癌及加速肌膚老化有關。空汙中的大氣微粒物質，是懸浮在空氣中微小的固態或液態粒子，懸浮物通常以顆粒的大小來區分，而當中的可吸入懸浮粒子則會影響人體健康。

其中，空氣動力學直徑小於或等於 10 微米的顆粒物稱為可吸入懸浮微粒 PM10，直徑小於或等於 2.5 微米的顆粒物稱為細懸浮微粒 PM2.5。顆粒物能夠在大氣中停留很長時間，並可隨呼吸進入體內，積聚在氣管或肺中，影響身體健康。PM10 的顆粒不能被身體的防禦機制阻擋，可以直達肺部，所以十分危險。而目前比較受大家重視的是細懸浮微粒 PM2.5，因粒子更小更不容易防護，甚至可以穿透肺泡到達血液，且容易沾黏皮膚產生毒性自由基，傷害較大，這也正是破壞肌膚保護因子的頭號敵人。

很多醫學研究報告也已經證實，若人體長期或反覆暴露在高空汙的環境中，很容易讓多種皮膚疾病變的更嚴重，像過敏性皮膚炎、青春痘、脂漏性皮膚炎、異位性皮膚炎、皮膚老化與色素斑形成等。以前大家都認為敏感性肌膚的原因，可能與作息不正常，飲食吃甜食及辛辣口味或使用不當保養品、及季節變換有關，但往往不知道空氣汙染也是造成肌膚敏感的重要禍首之一。

空氣汙染中對皮膚有害的有毒物質是哪些？

空氣汙染主要有室外的空氣汙染，以及室內的空氣汙染。然而，室外空氣汙染中，常見對皮膚有害的有毒物質，又可區分為主要毒物及次發性毒物兩大類，主要毒物的來源是化工工廠、排煙工廠、汽車、機車引擎直接排出的廢氣，或是燃燒廢棄物（尤其輪胎）、垃圾，甚至灰塵等等。次發性毒物則是主要物質質變，經過化學變化、或是熱及光化學變化後的廢氣。

廚房炒菜油煙、抽菸、二手菸則會造成室內空氣汙染，室內裝潢包含非綠建材、含甲醛傢俱等都是造成室內空氣汙染的來源。

室外空氣汙染刺激皮膚的主要物質有：一氧化碳、二氧化碳、硫氧化物、氮氧化物、揮發性有機化合物、PM 物質等。室外空氣汙染的次發性物質有：臭氧、二氧化氮、硫酸等等。常見的酸雨就含有室外空氣汙染的物質，酸雨碰到皮膚，皮膚會發癢，對頭皮的刺激影響也很大。

室內空氣汙染刺激皮膚的物質有：一氧化碳、二氧化碳、丙烯醛、多環芳香烴、揮發性有機化合物、甲苯、甲醛等，這些物質都容易造成皮膚過敏。

空氣汙染中的有毒物質，怎麼進入人體？

空氣中許多汙染的有毒物質都是粒子非常小，甚至肉眼看不到的，主要可以經由三種途徑進入人體：由鼻子吸入、嘴巴吃進、皮膚接觸。而皮膚接觸就如同經皮膚吸收的經皮毒，所以在空氣汙染嚴重的地區，不僅要記得戴口罩甚至面罩，也要穿著長袖衣物、手套，盡量避免皮膚的直接接觸，更不要長時間待在室外，因為超細懸浮顆粒物如 PM2.5，一般的口罩是無法阻擋的。

PM2.5 為大氣中的超細懸浮顆粒物，其大多來自工廠、交通工具及機器設備的廢氣排放、自然粉塵和物品燃燒等，當然也包含二手菸汙染。會隨風進入室內空間，可穿透口罩和衣服，接觸人體皮膚後引起發炎反應，造成皮脂膜受損和肌膚保溼功能遭受破壞。許多空氣汙染物都會增加皮膚的氧化壓力，紫外線還會導致基因的突變，使得皮膚更容易老化。抽菸會導致老化的證據也非常明確，久而久之，肌膚變得脆弱，皮膚越發乾燥，肌膚因無法重建其屏障功能，而提早失去了原有的活力與光澤，還可能造成敏感性肌膚、色素沉澱或加速皮膚老化等現象。

對抗空汙，肌膚防護三部曲

空汙無所不在，防護非常不容易，為了有效對抗空汙，徹底清潔、加強修護與減少接觸是主要三部曲。在清潔方面，深層細緻地清潔毛孔是很重要的，尤其要長時間在外及每天要化妝的人，選擇一款合適的天然卸妝品尤其重要。卸完妝後，再採用溫和、含胺基酸成分的清潔產品或是洗卸露再做一次清潔，對暴露在外頭一整天的肌膚來說，是相當關鍵的首要保護步驟。

另外，加強修護可使用極緻修護精華液，具有平衡皮脂膜，減緩刺激敏感不適的成分。最後減少接觸，使用具有氧化鋅或二氧化鈦成分的隔離霜，一天多補充幾次，可大幅降低紫外線照射，與因空汙物附著，而直接接觸肌膚所造成的刺激與氧化，破壞皮脂膜。當然空汙指數超標時，最好減少待在戶外的頻率和時間，出門盡量戴口罩阻絕汙染物，從戶外回來最好先洗臉，避免選用太油、香味太重或含防腐劑的保溼產品，才可以防止在室外環境中吸附的髒物、灰塵、懸浮顆粒黏在皮膚上。

而室內，因密閉循環的關係，長時間待在室內，有時可能比室外空汙更傷身，所以可使用空氣清淨機維持室內乾淨的空氣品質。室內空汙需要使用專業的空氣清淨機過濾，特別是PM2.5或更小的粒子，唯一清除的方式就是使用專業器材，可選用可過濾超小粒子的空氣清淨機。所以如果有溼疹、異位性皮膚炎、或常常出現皮膚過敏及不明原因的皮膚搔癢，除了接受皮膚科治療外，可試著從改善室內空氣品質著手。

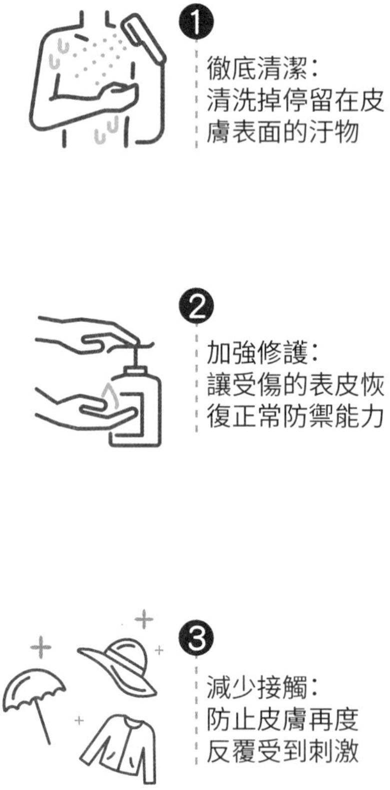
1
徹底清潔：
清洗掉停留在皮膚表面的汙物
2
加強修護：
讓受傷的表皮恢復正常防禦能力
3
減少接觸：
防止皮膚再度反覆受到刺激

▸肌膚防護三部曲圖

2. 長途旅行肌膚不穩定，如何打造零時差美肌？

現在的連假愈來愈多，很多人都有出國旅行的安排，從東南亞國家到歐洲、非洲、美國等都需要長時間坐飛機，經過換日線後也有時差問題，除了空服員外，許多民眾對於時差或不同國家的溫溼差也有適應的問題。肌膚的狀態要維持穩定，除了內在的生物時鐘外，皮膚表皮的穩定也非常重要，尤其長途旅行也會帶來肌膚的時差，以及各種生理失調的疲憊感，肌膚也會因「時差」，而呈現暗淡無光彩的臉色。

(1) 機上保養策略

長途旅行時，肌膚可分為兩個問題：一是因在長時間待在密閉空間，受到空調影響，身體的水分慢慢的流失，全身就會感覺乾燥，尤其臉部更會缺水，皮膚就會顯得敏感粗糙，這段期間裡保持肌膚清潔及水分補充是非常重要的。可以塗抹高含水的玻尿酸保溼精華液及玻尿酸保溼乳液來鎖水，提高肌膚保溼度，甚至來片玻尿酸保溼面膜，更能讓肌膚補足水分，給予肌膚深層活化。另一個則是嘴唇，在長途搭機時，嘴唇容易乾澀脫屑，可用護唇膏或凡士林來保養。

(2)適當的肌膚按摩

因為飛機艙室的空間狹小、密閉，久坐會造成全身循環不順，所以，脫水的肌膚，除了保溼外，在臉部的黃金三角區：包括眉宇之間區域到下巴處，甚至耳朵都要適時的按摩。按摩可以幫助血液、淋巴循環，改善皮膚的疲憊感，並提升保養品的吸收度，也可增添臉部自然光澤。下肢的按摩也非常重要，可以減少水腫及肌肉僵硬，而肩頸按摩也有助於舒緩長時間坐飛機的肩膀僵硬困擾。

(3)異國、異地肌膚保養隨遇而安

到了不同國家，氣候溫度溼度也會有所不同，當然肌膚保養也不能一陳不變，所以要做好功課知道要去國家的當地氣候，才能一邊旅遊一邊變美。

①寒冷氣候

臉部及全身乾癢是主要的問題，除了不要一直用太熱的水清洗外，加強保溼，也是就是補充水分及油脂成分，到寒帶國家，補水保溼、防曬與控油是絕對不能少，做好肌膚保養，選對保養品，肌膚才能保平安。

②熱帶氣候

一年四季都是高溫炎熱，紫外線強烈，皮膚容易曬黑、曬傷，要注重防曬。熱帶國家白天溫度至少都攝氏38到40度以上，出門一定要做好防曬措施，如撐傘、戴帽子、穿長袖、戴太陽眼鏡及抹防曬乳等，平常防曬乳可選擇質地清爽，防曬係數為SPF30～50、PA+++以上，才能避免曬黑、曬傷，且每二至三小時就要補充1次。若能在睡前擦嫩白肌因化妝水，再塗抹嫩白肌彈水乳液或嫩白肌潤精華液，甚至敷嫩白肌光面膜加強效果更好。

③大陸型氣候

早晚溫差大，日間天氣炎熱，防曬很重要；夜間則氣候較冷，因此著重保溼。皮膚容易敏感及老化，可以使用極緻抗皺修護精華液。

地中海型氣候屬於亞熱帶地區，夏熱冬暖，年溫差不大，按照一般保養方式即可。其實最基本的還是保溼要做好，可用玻尿酸化妝水，玻尿酸保溼精華液及玻尿酸保溼乳液。

④溫帶海洋氣候

溫帶海洋氣候冬冷夏熱，但冬無嚴寒，夏無酷暑，屬於四季分明的氣候，肌膚保溼度需要稍微再加強，除了白天可使用玻尿酸保溼系列產品外，晚上再敷個玻尿酸保溼面膜，更可感受到肌膚的舒緩放鬆感。

(4)異國、異地身體保養更重要

除了臉以外，身體保養也不容忽視，尤其溫差大或氣候寒冷，皮膚乾癢或皮膚因陽光太強，紫外線照射引起的皮膚過敏及曬傷光敏感性皮膚炎，都會造成身體皮膚產生過敏不適的情況。國外旅行中最常見的身體問題就是乾癢症，所以在溫差很大或溫度較低的國家，洗澡千萬不要洗太熱，勤擦乳液，保持身體皮膚油脂及水分，才可以維持皮膚穩定，否則回國後皮膚會奇癢無比。

▸不同氣候的保養重點

	環境對膚況的影響	保養重點
寒冷氣候	皮膚缺水、缺油， 乾燥粗糙容易有細紋	加強保溼
熱帶氣候	皮膚較油，容易長痘長斑	清潔、防曬
大陸型氣候	皮膚敏感、乾燥	保溼、防曬
溫帶海洋氣候	皮膚較穩定	保溼

第五章 季節性保養

夏天皮膚受到紫外線傷害，使皮膚在夏天時會產生很多的問題，因為紫外線不只會讓你曬黑，還會加快老化、曬出斑點和皺紋，不只造成皮膚的美觀問題，更會讓皮膚生病。所以「陽光催人老」、「見光死」，因此防曬這件事大家一定要重視。

陽光對人體影響最大的是紫外線，防曬主要也是針對紫外線。紫外線根據波長長短可以分為三種：UVA（紫外線A光）波長約 320 奈米到 400 奈米、UVB（紫外線B光）波長約 290 奈米到 320 奈米和 UVC（紫外線C光）波長約 290 奈米以下。波長愈長的紫外線，穿透能力愈強。UVA 對皮膚較少造成立即性的傷害，UVA 可以穿透家中或車窗的玻璃，但它不會讓人有熱的感覺，對肌膚它可以穿透表皮到達皮膚真皮層，導致皮膚細胞發炎，長期照射不但會使皮膚變黑、老化、失去彈性、易生皺紋，也可能導致皮膚癌；即使是在陰天或冰天雪地也能發威，而且傷害會長期慢性累積，是個不折不扣的隱形殺手。

UVB，因為其波長較短雖然只到皮膚表皮，但會殺死皮膚表層細胞，會造成立即性的曬傷，使皮膚紅腫、脫皮、曬黑，是曬傷最常見的罪魁禍首。

波長最短的紫外線C光，連臭氧層都穿不過，而到達地表的量非常少，所以對皮膚的影響也最小。不過隨著臭氧層日漸被破壞而且稀薄，使得UVC對人體的威脅也日益增加。

紫外線對肌膚的影響是非常大的，只要曝曬在陽光下，外在的徵兆可能是曬傷、黑斑，也會出現皮膚疾病如長痘子、掉頭髮、長溼疹、長癬等。對於肌膚內部造成的隱形影響則有：皮膚免疫能力會下降，增加皮膚敏感性，對於真皮層的影響則是彈力纖維醣化、膠原蛋白減少、發炎和不健康的細胞變多；而對於DNA的影響，則是會造成自由基活動增加，破壞肌膚細胞DNA的正常結構，造成不正常、不健康的細胞複製與增生，光老化因此產生，所引起的老化現象也最為明顯。根據統計在20歲以前所接受的紫外線量，占一生中紫外線曝露總量的百分之五十到七十五。從小防曬可降低皮膚癌發生率1倍以上，所以小孩也要防曬。

1. 在太陽底下放肆，這些大雷區，愛美的你可有中招？

案例解析

禿男忘防曬，頭皮痛癢紅腫

32歲歲男性 John 雖是型男但是有頭頂型雄性禿，頭頂毛髮稀疏，平常都會戴假髮，不巧有天假日朋友來訪，他急急下樓忘了戴假髮，在大太陽下與朋友聊了一小時，他回家後頭皮開始非常脹熱、又有紅腫的現象，隔二天之後來看門診，發現頭皮起一堆水泡，已經開始有皸裂、脫皮如乾涸的稻田，痛癢難耐。這已經達到淺二度頭皮曬傷的情況。

病例分析

夏天氣溫屢創新高，幫身體擦防曬乳的同時，其實也別忘了頭皮也是需要防曬的，否則曬傷毛囊會壞死，頭髮恐再也長不出來。有實驗就發現在經過烈日太陽照射5分鐘之後，頭皮表面溫度馬上就會增加7度。尤其有禿頭的民眾，在沒有頭髮遮蔽下更容易曬傷，所以像噴霧型的防曬乳可以噴在頭皮上，一般防曬乳也可以，但要記得塗抹均勻，20分鐘到半小時就可以補充1次，加上撐陽傘、戴帽子效果會更好。

防曬不夠，泡海水做日光浴，烈日灼身如燙傷

貢寮海洋音樂祭是許多年輕人年年期待的盛會，追逐陽光、沙灘、盡情搖滾。一名24歲女性小潔擁有傲人身材，去海水浴場玩，穿著三點式比基尼，火辣辣的身材好不引人注意，先塗了防曬泡在海水中半小時、在刺熱的沙灘上做日光浴二小時，全身紅通通又很熱，但她不以為意繼續享受陽光所帶來的健康美。雖然塗了防曬，也戴了太陽眼鏡，但是回家後感覺整個背部刺痛、紅腫、起水泡並脫皮，醫師診斷曬傷表現等同淺二度燙傷。

病例分析

這位年輕女生雖塗好防曬才玩水，但期間沒有適時補擦，而泡在海水中，皮膚角質易軟化，且海水的鹽分容易吸熱，增加皮膚對光的敏感度，這時強烈紫外線照射下來，就造成曬傷，表現有如被洗澡水燙傷般起水泡。

防曬主要的目的就是要防止曬傷、曬黑，避免皮膚因紫外線照射而出現紅腫熱痛、缺水乾燥、細紋斑點，甚至是皮膚癌等症狀。然而，許多民眾常誤以為，只要塗抹防水耐汗型的防曬乳，就可以長時間在太陽下玩水或運動。

事實上，運動型的防曬產品雖然較一般防曬乳還要防水耐汗，但只要經過汗或水的沖洗，防曬功能多少還是會受到影響，因此到海邊戲水時，建議還是要隨時補擦防曬產品，並盡量避免長時間（一般建議不超過二個小時）曝曬在太陽下，否則即使每半小時補擦1次，還是無法阻擋紫外線的傷害。

日曬冒紅疹，光過敏多2成，反覆發炎不治療，增皮膚癌風險

一名20多歲女子小如，中午烈日下外出買便當，才在馬路上走了10分鐘，就覺得暴露在衣服外的皮膚，如臉、手臂、頸部皮膚出現一顆顆紅色粗粗、刺熱、非常癢的疹子，檢查即是罹患光過敏性皮膚炎。

病例分析

光過敏發生原因是防曬沒做好，皮膚經紫外線長時間曝曬，引發發炎反應，出現紅色丘疹、搔癢等，入夏後因光過敏就醫的患者約增2成。隨皮膚遭曝曬時間越長，會反覆出現光過敏，導致皮膚粗糙、變薄、萎縮，且對陽光曝曬的耐受度降低，日後恐增皮膚癌風險。若長時間曬太陽後感覺皮膚發熱、搔癢，可用冷水沖洗，或用冰水、冰塊冰敷，沖洗及冰敷約3至5分鐘，可讓皮膚降溫，以緩解過敏症狀；一旦光過敏症狀嚴重，應盡速就醫，以消炎、止癢藥物治療約五天即可好轉。所以夏天出門應擦防曬用品，並戴帽子、撐陽傘、穿長

袖衣物遮蔽陽光；在戶外行走、活動時，應走騎樓或樹蔭下，避開陽光強照的地方。

2. 夏季肌膚超惱人，出油、生痘、長斑，清潔、防曬就夠嗎？

夏天臉油得可以煎蛋！專家絕招搞定「大油田」

夏天一到，油性肌膚的人是最痛苦的，滿臉油光，好像源源不斷的油脂一直由臉冒出來。因為夏天燥熱的氣候，使肌膚大量出汗，很容易缺水，就會導致面部肌膚油水不平衡，油分大大增加，若洗臉的方法不正確，會愈洗油脂分泌愈多，反而弄巧成拙，造成剛洗完臉部很乾澀，不久又油脂滿面。

頭皮出水，汗溼性頭皮

頭皮問題在夏天可是不能忽視的，臺灣的海島型氣候又悶又溼，夏天時皮脂腺與汗腺分泌旺盛，對頭皮健康是一大挑戰，尤其愛運動的族群及軍中辛苦訓練的弟兄，甚至動一下就滿身大汗的人最會有此困擾。一般人尤其男性常以為頭皮悶溼就是油性頭皮，使用控油髮品卻未見改善，這樣的情況可能是頭皮過度流汗所引起，可稱之為「汗溼性頭皮」，若沒有對症下藥，可能讓頭髮變細，甚至引發落髮問題。

但是要如何正確分辨自己的頭皮狀況呢？若運動超過２０分鐘就感到頭皮明顯潮溼，甚至有汗水從髮根流出，或髮際線特別容易堆積頭皮屑、機車族拿下安全帽後會開始滴汗，甚至洗完頭二個小時就覺得頭髮扁塌，如果出現上述狀況，使用控油洗髮精又未見改善，那你可能就是汗溼性頭皮。

【先了解】頭皮會出水

【這樣做】有汗溼性頭皮問題者，頭皮降溫最重要，必須調整生活習慣，除了飲食忌甜少辛辣，運動時也要避免陽光直射頭皮，機車族每３０分鐘要拿下安全帽讓頭皮透透氣，當然也要避免長時間處在悶熱高溫環境。

【如何選】洗髮精或洗髮皂

清潔最重要，所以在髮品的挑選上也需要特別用心，建議可挑選汗溼性頭皮專用的清涼配方或PH值為弱酸性的髮品，如洗髮精或洗髮皂含有薄荷咖啡因，洗起來頭皮清爽涼快。

頭皮易出油、毛囊阻塞，夏天掉髮增2成

【先了解】頭皮出油毛囊易阻塞

夏天時溫度升高，皮脂腺分泌就會增加，頭皮容易出油與本身膚質、遺傳及環境因素都有關，而重口味、嗜甜食、熬夜、抽菸、飲酒、長時間戴安全帽，都可能誘發頭皮出油。在炎熱太陽下太久，熱氣也是最常見的影響因素之一，高溫環境及運動量增加，容易使頭皮出油，也容易讓頭皮分泌物增加及不穩定的角質細胞早熟，使新陳代謝加快，皮屑芽孢菌增加，造成搔癢和頭皮屑，頭皮脂漏性毛囊炎的發生機會也會增加。夏天掉髮的民眾也增加不少，尤其本身頭皮就有問題的人更是困擾。

【這樣做】加強清潔治療、避免搔抓

頭皮夏日問題多而且會反覆發作，油性頭皮容易出油阻塞，頭皮發癢、發紅或毛囊炎，會用抗發炎藥膏或是類固醇藥治療，也會給予口服抗組織胺、抗生素，減少搔癢與發炎。當然最好就是頭皮的清潔及防曬要確實，頭皮清潔可用藥性洗髮精，避免頭皮持續處在發炎狀態；並避免過度搔抓，愈抓頭皮愈敏感，頭皮會變粗變厚而加重症狀。

【如何選】用透明狀洗髮精或洗髮露

汗溼性頭皮洗頭時，不要選擇質地濃稠、含潤絲效果的洗髮乳，最好挑選質地較清爽、清涼的洗髮精，像是不添加保溼劑、乳化劑或去油性成分多的洗髮精，可以選用含薄荷成分的洗髮精，而洗完頭後，一定要將頭皮及頭髮確實沖洗乾淨，使用吹風機時，可選擇自然風或冷風，以較低溫的風慢慢吹乾，以免刺激頭皮發熱、出汗更搔癢。

皮膚多油，出現白頭、黑頭粉刺和痘痘

夏天是長痘子的旺季，炎炎夏日，因溫度高皮膚皮脂腺分泌旺盛，不但容易流汗也容易出油，臉不管再怎麼洗，只要一出門還是變得油膩膩，毛孔遭到油脂、老廢角質、髒汙阻塞，引起痘痘也越長越多。造成輕度白頭、黑頭粉刺的形成，中度發炎紅腫的丘疹及重度疼痛的囊腫粉瘤冒出。所以夏日除了防曬、美白之外，對許多不再青春又長痘的人，如何預防長出惱人的痘痘，也是大家最關心及最困擾的問題。

因此若夏天沒有從根本做好清潔、去角質及防曬等工作，自然也就會造成痘子大珠、小珠長滿臉、脖子、胸、背部甚至屁股都長的情況發生。

青春痘的種類：

【先了解】生活在臺灣潮溼的海島型氣候，每個人或多或少都會有青春痘的困擾，其實青春痘在醫學上並不是嚴重的病症，但由於青春痘有 80% 長在臉上，每個人為了面子問題，無不費盡心思尋求治療的方法，甚至有人因此失去自信，不敢抬

頭挺胸，但你知道「青春痘」只是一個統稱嗎？

其實「青春痘」在醫學名詞上叫做「痤瘡」，因為大多發生在青春期，所以被叫做青春痘，英文叫 "Acne" 俚語叫 "Zippe"。不過青春痘並不是年輕人的專利，甚至到了中年還是會有長青春痘的機會，因為青春痘是一種毛囊與皮脂腺分泌失衡的慢性症狀，所以即使到了中老年，若是皮脂腺分泌過多油脂或毛囊細菌感染，都會長青春痘。尤其在夏天溫度高、紫外線強的環境下，容易造成人體荷爾蒙分泌不穩定、皮脂腺油脂分泌旺盛，使毛孔堵塞及角化不全、皮膚細菌大量孳生發炎及免疫反應等。

很多人常說自己是油性肌膚，在夏天更油到不行，很容易長痘子。其實會長痘子的人，本身皮脂腺的大小及數目都會增加，這些皮脂腺由於雄性激素的刺激就會使油脂大量分泌。而雄性激素會改變皮脂細胞和毛囊的角質細胞，導致微小粉刺的形成，而後再產生更嚴重的變化。

面皰、粉刺、痤瘡到底哪一種才是青春痘呢？相信有許多人一定搞不清楚這之間的差異性，由於這些症狀都由青春年少開始形成，因此一般人就統稱為「青春痘」，到底什麼是青春痘呢？皮膚常常可看到的青春痘由輕度到重度可分為：

①輕度細微粉刺

一般肉眼比較難看得出來，是所有青春痘的萬惡根源，大部分的人都會有這樣細小不易見的粉刺，但只要清潔得宜，對皮膚是不會有什麼傷害，也不影響視覺上的雅觀，但這個粉刺若是遇到易出油、不愛洗臉或不愛乾淨的人，油膩溫暖的環境就容易讓它無限發展茁壯，長成一顆顆的黑頭粉刺或膿疱。

②輕度非發炎性白頭粉刺

它的顏色是皮膚的顏色，看起來跟膚色一樣但摸起來會有凹凸不平的觸感，這樣的粉刺大多沒有開口，我們稱之為「閉鎖型粉刺」，我們可以在額頭、下巴與臉頰發現這類型的粉刺。尤其在夏天時許多人的額頭常泛油光，若是清潔不夠，就會摸到額頭有許多一顆顆的小丘疹。

③輕度非發炎性黑頭粉刺

黑頭粉刺可以說是粉刺裡的大王，當皮脂腺分泌過多油脂，堵塞住毛細孔，然後接觸到空氣產生氧化作用後，堆積在毛孔開口的黑色混合物即形成黑頭粉刺。由於皮脂腺中段阻塞，分泌物無法順利排出，所以它把毛囊內排不出的油脂結實緊縮在一起，變成又乾又硬、中間有小黑點，旁邊鼓鼓的，就像臉上長了一顆顆的小氣球一樣。千萬不要擠它，這樣只會刺激皮膚、擴大發炎範圍。夏天時，許多油性或混合肌膚的人，就常常會在鼻頭上看到如草莓般的許多小黑點，許多女性因而感到苦惱。

④輕度發炎性丘疹

呈現小而結實、紅色突出顆粒，界於發炎與非發炎之間，是初期痘痘生長的大本營，毛囊孔的堆積物會導致細菌感染而輕微發炎，但沒有明顯的膿汁，若不注意清潔，就會形成較大而紅腫甚至有膿汁的丘疹。一旦遇到夏天，很熱又阻塞毛孔，就容易有發炎的情形，尤其在鼻子及兩頰上容易發生。

⑤中度發炎性膿皰

和丘疹一樣小，但是已經發炎，而且會疼痛，在皮膚表層下有明顯的化膿，那是因白血球攻擊毛囊孔內細菌，戰死的屍體而形成膿皰，同時使毛孔內堆積物液化變軟。膿皰內會包含許多細菌，如金黃色葡萄球菌或痤瘡桿菌，通常發炎是因為皮脂中如游離脂肪酸等化學物質的刺激產生。一旦遇到夏天，很熱又阻塞毛孔，就容易有發炎的情形，尤其在下巴上容易發生。

⑥重度發炎性囊腫、結節

青春痘的症狀裡最嚴重又可恨的，是一種重大的發炎症狀，囊腫內有許多膿汁，它的造成是因為粉刺內的東西溢出，因身體免疫反應而產生膿汁，這些症狀深入皮膚真皮層並會有疼痛感，比其他青春痘更容易產生痘疤。在處理這樣嚴重的症狀時，一定要尋求皮膚科醫師，千萬不可自己在家亂擠，因為若沒處理好就會變成蜂窩組織炎，一旦形成疤痕就很難回復。一旦遇到夏天，很熱又阻塞毛孔，就容易有發炎的情形，尤其在下巴、兩頰、脖子耳朵後方、前胸及後背容易發生。而此類嚴重型的青春痘所產生的後遺症，對美觀的影響很大。

各類型痘痘特徵

	特徵	易發部位／季節
輕度細微粉刺	沒症狀、扁平細小膚色丘疹	額頭／夏季
輕度非發炎性白頭粉刺	不痛、扁平細小白色丘疹	額頭、下巴、臉頰／夏季
輕度非發炎性黑頭粉刺	不痛、微凸細小黑色丘疹	額頭、鼻頭／夏季
輕度發炎性丘疹	不痛、紅腫微凸丘疹	額頭、兩頰、／夏季
中度發炎性膿皰	紅腫、疼痛、化膿凸出丘疹	兩頰、下巴、／夏季
重度發炎性囊腫、結節	硬、紅腫、疼痛、化膿凸出大的腫塊	兩頰、下巴、頸部／夏季

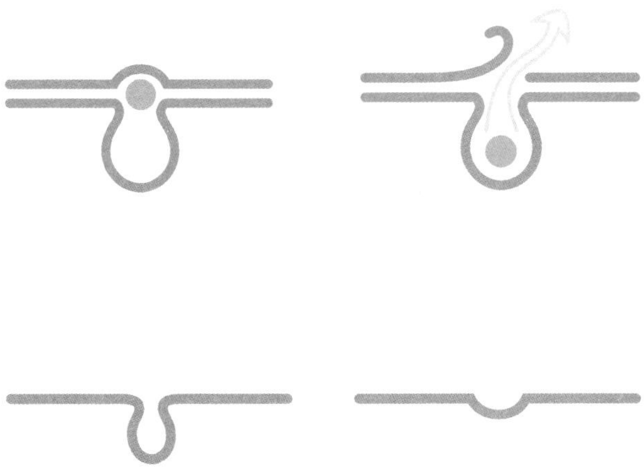

【這樣做】夏季要減少爆痘，清潔最重要！臉部早晚一定要用清潔劑來洗，白天時可以用清水多洗幾次，只要把臉部油脂適當減少即可，白天不用洗得太乾淨，洗太乾淨反而會愈洗愈油，適得其反。飲食方面，除了要少吃油炸、甜食等容易誘發皮脂腺過度分泌的食物外，不要超過晚上十二點睡、早上八點以前要起床，才能符合身體生物時鐘。衣著方面要穿透氣、吸汗、排汗衣物，更要把汗液隨時擦乾，當然也要少曬太陽減少對皮膚的刺激。身體的清潔更是不能忽視，每天一到二次的洗澡，可減少皮膚細菌及皮屑芽孢菌的滋生，更是保養關鍵。

【如何選】夏季痘痘肌保養，首選杏仁酸

能治療又兼具保養的酸類，當紅炸子雞首推杏仁酸。市面上不同百分比濃度的杏仁酸非常多，但是低濃度7%和高濃度23%的杏仁酸效果比較好。杏仁酸是「改良版」的果酸，性質比較溫和，刺激性和光敏感性都比較低，而且可以全身使用，但要避開眼睛黏膜部位。

杏仁酸除了可以溶解老化角質，防止角質過度增生而堵塞毛孔，還有消炎、抗菌、縮小毛孔、淡化痘疤、減少色素沉澱及美白的功效，相當適合容易長粉刺、痘痘的油性及暗沉甚至粗糙肌膚使用。

杏仁酸的酸鹼值應超過PH3.5，如果購買市面上的杏仁酸產品自行使用，7%低濃度的杏仁酸，可以視情況每天使用，但23%高濃度的杏仁酸，一週塗抹不可超過3次，使用杏仁酸後，保溼防曬一定要加強。

紫外線容易造成皮膚光敏感、曬傷及長斑

【先了解】在夏天不管短時間或長時間在太陽下，全身上下只要皮膚有曝曬的地方，都可能有熱傷害的問題，尤其天氣炎熱時，門診就有很多皮膚搔癢、曬傷的病患，太陽下外出不到10分鐘皮膚就出現癢、毛孔出現粗如雞皮一顆顆的紅疹，臉部及手臂是最常見的部位。而長時間在太陽下就會造成皮膚紅腫、刺痛及搔癢，臉部、頸部、背部、手臂、大腿的皮膚是最常見的曬傷部位，更嚴重的，有人連頭皮、眼皮、嘴唇都會曬傷。

【這樣做】如何保養才能改善呢

一定要讓皮膚降溫及鎮定，當然最重要還是要避免陽光直接照射皮膚，可以用

水冷敷或冰敷來降低皮膚溫度，也可以選用蘆薈或絲瓜水，這種具鎮定舒緩的保溼產品來塗抹。在夏天飲食上要特別注意，有些食物吃進後，照射紫外線容易有光敏感的問題，像西洋芹、紅蘿蔔、九層塔、茄子、韭菜、香菜、芒果、鳳梨等，而水果中檸檬的皮因含有光敏感物質，所以切完或擠完檸檬後，一定要把手用清潔劑洗乾淨，外出曬太陽後才不會讓手部皮膚產生咖啡斑。

此外，少曬及防曬並多吃具抗氧化能力的黃綠色蔬果及多喝水，也可以達到幫助預防的功效。然而，最有效的一招就是要撐陽傘，就能遮擋 77%～99% 的紫外線，是相當有效的防曬方式。傘的顏色愈深，防 UV 的效果愈好，一般雨傘可以遮擋 77% 紫外線，黑傘可以防止 90%，若是遮陽的專用傘，抗 UV 效果更可達 99%。雖然深色傘吸熱，傘面本身溫度高，但因為隔絕光線效果佳，傘下的溫度其實並不高，就會有良好的降溫作用。

另外，夏天的時候最怕的問題就是長斑，黑斑經紫外線照射會愈來愈黑、沒有斑的地方皮膚敏感、搔癢、潛伏在皮下的隱形黑色素遇到高熱及陽光也會浮現出來，常見的有雀斑、曬斑、老人斑、光角化症等，都是因紫外線照射刺激黑色素細胞活化，愈曬斑就會愈明顯，而且會變大甚至凸起來。而皮膚只要曝露在紫外線下，不只臉部，四肢也會有黑斑的形成。除了黑色的斑外，長期受到紫外線照射也會造成膚色不均現象，甚至形成白色的斑點，所以夏天一定要避免毒陽的曝曬。

保溼及防曬是一定不可缺的，美白保養品則建議在晚上或睡前使用，尤其在淺層斑或斑還不太明顯時，使用含有複方性的美白精華液，一定可以淡化斑點。另外建議民眾外出時，一定要養成定時塗抹防曬乳的習慣並減少日曬，食藥署也常常提醒，防曬應要把握「防曬123：1要、2擦、3遮」原則，也就是「要」避免在上午九點到下午四點曬太陽，「擦」適當防曬產品，並記得透過物理性產品「遮」好遮滿，像是撐傘、戴帽、戴太陽眼鏡、穿著淡色透氣長袖衣服防曬等。日常飲食上，也要多攝取富含維生素C的新鮮蔬果、加強水分補充，以及盡量避免熬夜，就是全方位的防曬護理。

私密困擾，異味難聞

炎炎夏日，高溫讓人酷熱難耐，從頭到腳皮膚汗腺宛如水龍頭般汗水狂飆，悶住的地方如陰囊、胯下、肛門等黏又溼甚至會發出陣陣惡臭。夏天身體容易出油、出汗，尤其男性們若發現「蛋蛋」惡臭如「ㄆㄨㄣ」，小心可能就是那裡生病啦！

【先了解】許多年輕男性，夏天就是因為愛穿牛仔緊身褲、愛運動和洗水溫較高的熱水澡，又因為陰囊溫度較高長期悶熱、潮溼而罹患陰囊溼疹，下體會不自主的發癢，癢感難耐因此會不斷狂抓，這種情形會反覆發生。若是沒有改善，時間久了還會飄散出陣陣如腐敗食物的惡臭，才發現下體已經糜爛。甚至許多男性從胯下到屁股，也因溼熱而感染股癬，也會有不好聞的氣味散出。而女性在夏季，會陰部也常會有異味發生，而大陰唇及外陰部會有毛囊炎或粉瘤的形成，尤其月經期更為明顯。

【這樣做】陰囊溼疹、會陰部有異味、發炎及長股癬，是一種皮膚炎症，患者常既尷尬又痛苦，好發於夏季，尤其以7、8月最為嚴重，所以男性及女性特別應留意以下事項：

①通風降溫很重要

內外褲盡量別挑緊身款，選擇通風、透氣、吸汗為優。女性如果私處沒有太多分泌物，建議不要使用護墊，因為私處不透氣很容易細菌、黴菌感染，女性也盡量不要常穿連身絲襪。

②保持乾爽

上完廁所時，一定要拿衛生紙擦拭陰囊及尿道口，把汗吸光，避免下體潮溼。洗完澡後，除了要用毛巾擦乾外，也建議用電風扇吹乾下體，若使用的是吹風機，則應使用冷風吹，避免用熱風。

③不要坐太久

平常工作不要久坐，應半小時起身動一動，讓下半身透透氣，才不容易讓毛孔阻塞。

④痱子粉是大忌

大量出汗時，痱子粉容易出現結塊沾黏阻塞毛孔情況，反而使陰囊及恥骨區容易形成毛囊炎，所以不建議使用。

⑤洗澡用溫冷水

洗澡一定要用清潔劑，水溫盡量不要超過35度。

⑥勤換內褲

運動健身完若無法立刻洗澡，要先擦乾淨，不要讓汗水滯留在皮膚上。建議帶新的內外褲來更換，避免陰囊或會陰部處於潮溼狀態。

3. 夏季保養通則，加強肌膚戰鬥力

(1)做好全身肌膚清潔

夏季全身都容易髒，臉部及身體清潔在夏天可說是最重要的工作，日常洗臉的溫度對於肌膚也有很大的影響，洗臉最好以自來水水溫即可，洗澡的水溫最好控制在與人體體溫相符的30到35度內較為合適。

洗澡很簡單，但是洗不乾淨就是麻煩事。洗澡時由上而下，從耳後、脖子開始，一定要循序漸進，每個部位都要洗刷到。脖子需要特別認真洗，因為出汗及角質髒汙容易堆積在頸紋裡，所以洗刷輕拍頸部才可以減少汙垢。

再來進入腋下區，這裡也是重點區，要洗的用心點，因為這裡容易悶溼，腋下分泌物會產生許多細菌及黴菌，容易有異味產生，所以一定要特別注意。再往下到

乳房下緣，尤其乳房較大而且下垂的女性此區更是要清洗乾淨，有許多女性的糖尿病患者，血糖控制不好，乳房又貼黏胸腹部及因內衣環住而流汗，就常常會有磨擦疹體癬的形成。再更往下到會陰部及兩腿間鼠蹊部的死角，這些都要適當清洗乾淨及徹底擦乾，才能真正保持身體的清潔。

(2)做好全方位防曬

全方位防曬並降低皮膚表面溫度，能更有效減少皮膚的熱傷害，紫外線不僅會造成皮膚曬黑、曬傷、老化、長斑，還會影響肌膚的健康程度，更重要的是會造成皮膚癌。所以要做到平時防曬不能少，隨時補擦防曬劑很重要，肌膚降溫抗黑色素，曬後肌膚要鎮定保養。

(3)水分足夠、睡眠充足

夏季溫度高、代謝快，容易消耗身體能量，所以人也容易疲倦，皮膚比較沒光澤，一天至少喝 2000 cc 到 3000 cc 的水是絕對需要的。經常熬夜、睡眠不足也會造成氧化壓力的產生，膚色暗沉，並造成人體皮膚角化代謝出現異常，使毛孔容易阻塞，導致毛囊發炎而且身體抵抗力也會降低，容易有細菌感染。

(4) 盡量少吹冷氣

冷氣除了降溫外，同時還會降低空氣中的溼度，而空氣乾燥會使皮膚中的水分及油脂迅速散失。所以大多數長期工作和生活在空調環境中的人們，除了要補充足夠水分，一定要加強保溼，不只臉部，身體也要擦乳液，否則皮膚往往因失去水分而鬆弛產生皺紋或乾癢。所以室內有空調時，相對溼度要維持在 50% 到 60% 比較恰當。

4. 冬季肌膚乾到拉警報，只有保溼，你的保養對了嗎？

(1) 冬季保溼不到位，就是毀膚行為的開始

過冬老10歲！時序一進入冬季後，氣候便一場雨一場寒，不少人在氣溫逐漸降低的時候，皮膚開始變得乾燥。冬天是皮膚的大敵，脫水、掉屑、紅腫等症狀一

一浮現，在此季節某些狀況下，表皮角質不正常代謝增生，如果皮膚無法製造磷脂質或自然保溼因子，則會造成表皮乾燥及龜裂，就會產生一些皮膚過敏發炎的疾病。有些皮膚疾病本身就是以皮膚缺水及乾燥來表現，例如魚鱗癬、異位性皮膚炎、脂漏性皮膚炎、乾皮症、乾癬及糖尿病和洗腎患者甚至冬季搔癢症等，肌膚都是非常乾燥及搔癢，最主要殺手就是皮膚的皮脂及水分泌減少，保溼度降低。

在秋冬季節，老人、小孩或抵抗力較弱的民眾，因為溫差大，皮膚科門診中皮膚脫屑，搔癢的患者，也比平常多1成左右。很多民眾無法適應溫度及溼度變化，皮膚的保溼度不夠，臉部或上手臂、下肢等處，就會出現脫屑、搔癢的情況，尤其很多民眾會不斷亂摳皮屑，結果引發膿痂疹。尤其正值季節轉換時期，很多過敏性體質或異位性皮膚炎的人，對冷熱及溼度適應不良，很容易出現皮膚紅腫脫屑及病情變嚴重的情況。

在肌膚保養方面，很多女性發現皮膚開始有顯得粗糙、乾燥及暗沉的現象，這就是皮膚老化的表徵。秋冬的皮膚保養，最重要的觀念就是要保溼，假使保溼工夫做得不夠，老化就會加速形成。肌膚的健康乃強調內、外雙向抗老化，除了傳統外在的保養，更重要的是建立皮膚細胞的鎖水功能，進行深入的細胞內修復更新，才能內外兼顧，達到全效保護、全面保養的功能。

(2)冬季皮膚水分流失的原因

皮膚水分流失的原因有外因性及內因性兩種因素，造成皮膚天然保溼結構失去平衡。常見的原因如下：

①外因性

1. 老化

正常的皮膚角質層通常含有 10%～30% 的水分，但隨著年紀的增長，皮膚角質層水分含量會逐漸減少，因為保溼作用及屏障功能逐漸減弱，天然保溼因子含量減少。

2. 皮膚的健康程度

許多皮膚疾病都會造成表皮代謝加速角質不健康，角質間會出現裂縫或破損，無法保住水分。例如異位性皮膚炎、乾燥症、魚鱗癬、乾癬等。

3. 環境及氣候因素

乾燥寒冷的氣候，溫度溼度較低，如秋冬季；長時間在空調環境中尤其常使用電暖氣等。

4. 保養不當

常洗很熱的水，或使用太多清潔劑如洗手乳或肥皂，及常去角質，都會使皮膚皮脂膜受損，加速水分及油脂流失。尤其女性在冬季溫度很低又常碰熱水時，就容易手部脫皮、皸裂甚至出血，指紋消失、疼痛不堪。

由此可見，由於皮膚時時刻刻都與外界環境直接接觸，尤其天冷時也要少吹風，減少寒風對皮膚的刺激。如不加以好好保護，這身體最大的保護膜或多或少都會有缺水及少油的現象，皮膚的防禦力就會一直下降，也會直接影響皮膚的外觀。

②內因性

1. 多喝水才是王道

人體需要水分，而皮膚是全身的最大器官，對水分的需求也最大。表皮角質層含水量的多寡，會直接表現出皮膚狀況的好壞，若皮膚的含水量長期不足時，皮膚外觀及膚質就會有如風乾的福橘皮，皮膚會有暗沉、粗糙、脫屑、乾裂、沒有彈性及加速老化的現象。當皮膚表面看起來缺水時，事實上表皮、真皮及皮下組織都已失去大半的水分。冬季溫度低比較不會有渴感，一天至少水分總含量也要有 2000 cc 才夠，體內水分夠皮膚才不會乾巴巴。

皮膚保溼最主要構造就是表皮的「角質層」，角質細胞就像一個個的磚塊，圍在皮膚的最外層，它最主要的功能在於保護皮膚，作為與外界的阻隔，防止體內水分的散失。角質層築起了皮膚障壁 (Skin Barrier) 的重要的生理功能，對於維持體內環境的穩定及抵禦外界環境的有害因素，扮演重要的角色。

而要達到全方位的保溼，也就是要使表皮層的水分、脂質及天然保溼因子三種物質達到三向平衡。只要採取正確的保溼行動，就能夠擁有不畏秋冬的健康肌膚了。

秋冬季節肌膚的問題，正可反映出一個人的身體狀況，只要作息正常、飲食均衡，就可增強免疫力並減少皮膚疾病的發生，並能維持肌膚健康，防止皮膚提早老化。

然而保溼字面上好像皮膚只要水水的就好，其實並不然。真正的保溼是皮膚的水分、油脂都要平衡才行。

2. 水　分

表皮角質層是水分最多的地方，而水分主要是經由汗管腺、皮脂腺分泌，當然也可以從皮膚外補充。

3. 油　脂

主要由皮脂腺分泌，包含膽固醇、三酸甘油酯、蠟酯、角鯊烯等，這些油脂會在角質層上形成一層保護膜，來防止水分的蒸發。

(3)冬季五種肌膚的保溼重點輕鬆，做個「冬美人」！

真正的保溼應該是油脂與水分並重，並非漫無節制地補充水分，否則肌膚細胞內的水分過度飽和，反而容易形成滲透壓失衡，降低肌膚原有保溼機制。

①油性膚質

一年四季總是油光滿面，這是外油內乾的表現，因此須依季節選擇保養品。要選擇增溼劑含量多，再加上一點柔軟劑的保溼產品。秋冬則可以使用保溼精華液，再使用保溼乳液或乳霜達到雙層保溼的效果。

②混合性膚質

此型肌膚總是T字部位比較油，但臉頰或部分皮膚卻比較乾。建議可全臉使用保溼精華液，針對乾燥的部位使用保溼乳液。

③乾性膚質

此型肌膚水與油都缺少，尤其到冬天更會乾到不行，所以就要使用保溼成分更強的保溼劑，如玻尿酸成分的保溼精華液，並加上油性滋潤的保溼面霜甚至一些密封劑。

④敏感性膚質

此型肌膚比較容易過敏及皮膚紅腫搔癢，所以使用的保溼劑應用精華液，並減少使用含香精、酒精、防腐劑成分的保養品。

⑤中性膚質

此型肌膚最好保養，按照平時一般的保養方式及習慣即可。

5.冬季時頭皮或頭髮要注重保溼

入冬頭髮開始毛燥，頭皮的養護就如同臉部保養，因為頭皮是臉皮的延伸，如果保溼沒做好使頭皮過乾，反倒會讓油脂分泌旺盛，所以平衡頭皮油脂及水分，不光是夏天的課題。

至於頭髮的部分，如果頭髮容易乾燥、沒有光澤、脫屑甚至斷裂，可選擇含有胺基酸成分的髮品，補充頭髮所需的蛋白質，提升頭髮的含水度與光澤，減少髮絲乾燥、分叉與斷裂，給予脆弱髮絲潤澤修護。

冬天有時頭皮會覺得乾癢，用護髮素適時提供滋潤

很多女性冬天一到，頭髮就容易乾澀甚至有靜電反應，護髮素主要是針對頭髮進行養護，讓髮幹有一層保護膜，頭髮才能柔順不分叉。若塗抹至頭皮，容易造成頭皮負擔，甚至毛囊堵塞，所以頭皮乾癢應該使用專門的頭皮調理產品來進行舒緩，在髮品的選擇上，應選擇天然無添加刺激成分的產品，像是有添加胺基酸的髮品，

即可舒緩乾癢症狀，此外，洗髮時應盡量避免過高的水溫，以免使頭皮緊繃更乾。

冬天比較會有頭皮屑，洗劑很重要

頭皮屑分為乾性頭皮屑與油性頭皮屑，冬天時乾性頭皮屑會如雪花般散落於髮絲與肩膀上，而油性頭皮屑則是會黏附在頭皮上。頭皮屑的產生，主要是因為皮屑芽孢菌，所以可挑選具有抗菌效果的髮品，像弱酸的髮品就可以預防細菌及黴菌滋生，而活膚鋅的成分也可以加強抗屑效果。

6. 冬天緩解身體皮膚乾癢脫水，保溼第一

冬天因水及油脂分泌減少而且溫差變化大，所以有愈來愈多人有皮膚乾癢的問題，而且不只年紀大的人，年紀輕的男女，身體都會有冬天乾癢的困擾，尤其以四肢及軀幹搔癢最有感覺。

當皮膚出現乾癢，甚至是嚴重脫水的時候，治療與緩解症狀，應該有正確認知。首先第一個觀念是皮膚的保溼很重要，除非在很嚴重、急性期的時候，才一定要使

用藥物來治療。經過藥物短暫的治療，待皮膚狀況好轉後，就可以使用一些保溼劑來保養皮膚。許多保溼劑對皮膚有保養作用，有時甚至勝過藥物的治療。因為保溼產品能夠改善皮膚乾燥的症狀，也可以作為平時長期保養使用，尤其副作用相對於藥物來得少。

若是屬於很乾燥的肌膚，如老人、洗腎病人、糖尿病病人、乾燥症病人、乾性肌膚的人或長期臥床的人，則必須選擇含油性較多的保溼劑，例如動物油、植物油，還有一些凡士林甘油、尿素等，以及一些物理性的礦物油。

預防冬季皮膚乾癢，生活中該怎麼做？

在冬季的時候老年人及皮膚乾燥的人，洗澡次數盡量不要太多，以每週2至3次為原則，寒流來了則最好不要洗。至於洗澡的方式，淋浴比泡澡好，使用的清潔劑以保溼沐浴乳為主，可以使用弱酸性肥皂，鹼性肥皂也盡量不要使用。洗完時可以馬上塗上保溼劑（如凡士林、乳液）加強皮膚保溼，因為皮膚乾燥時，只要些微的刺激就會發癢，所以貼身衣物宜避免穿著毛衣或尼龍衣，不要蓋或墊毛毯，以避免因為粗糙的表面摩擦皮膚，導致發癢，腰帶也不要繫得太緊，以免摩擦產生搔癢。室內使用暖氣時，最好同時使用溼度調節機，以保持適當的溼度（最好在百分之五十以上），或是至少在室內放一盆水。

選擇 PH 值 5.5 保溼品，有利皮膚吸收

此外，PH 值酸鹼度也要注意，選擇越適合皮膚 PH 值酸鹼度是越好的。一般人的皮膚酸鹼度大概都是 PH5.5 左右，屬於弱酸性的 PH 值。為什麼弱酸性的 PH 值，是對人體比較合適的成分呢？因為皮膚的皮脂膜是屬於弱酸性，弱酸性跟弱酸性在一起的時候，會對皮膚產生生物相容性，經由皮膚接觸的時候，比較容易經由皮膚來吸收，而且比較不會產生排斥的作用。

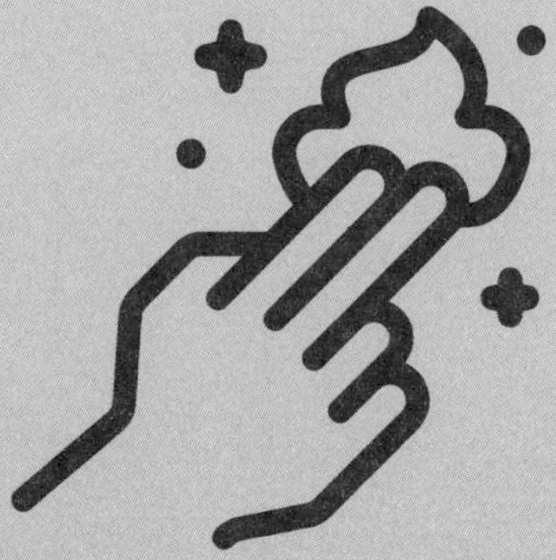

闢謠・親授

第六章 醫生這樣說

1. 盤點常見的皮膚保健迷思

(1) 用冷水洗臉真的比較好嗎？

其實用冷水洗臉是比較不刺激皮膚的。洗臉時，水溫太熱容易破壞皮膚表層皮脂膜，造成敏感、泛紅和乾癢的問題。用過熱的水洗臉可能洗去太多臉部油脂，雖然洗完後，短時間感到臉部清爽，但反而會刺激皮膚分泌更多皮脂。太冰的水則容易刺激皮膚毛孔收縮，很難將皮脂油汙洗掉，洗完臉會產生刺痛感。和臉部溫度相近的水最不會對皮膚造成刺激，是最適合洗臉的水溫。至於水溫該如何拿捏？一般來說，夏天時，直接用水龍頭流出來的水洗臉即可。至於冬天時，則可以使用稍微有點溫溫的水，差不多算是接近臉部溫度。

(2)沒有化妝就不用卸妝嗎？

對女性而言卸妝已經變成大多數人的習慣，卸妝產品是為了去除掉彩妝品所產生的產物，而化妝品中含有色素、蠟質以及礦物質，若沒有使用卸妝產品協助，就不容易除去毛孔中的油性物質，會造成毛孔阻塞、皮膚敏感、膚色暗沉；如果沒有卸乾淨，長期下來臉上睫毛也容易造成細菌孳生。

如果有使用腮紅、粉底液、口紅或使用具有潤色、防水、防汗效果的防曬產品，因為這樣的產品中，含有色素以及礦物質，若沒有使用卸妝產品協助將油脂卸除，容易造成毛孔阻塞問題並會長痘子。上了妝，臉部就多了一層化學保護膜，若回家沒有卸掉這一層假面，皮膚不透氣，長期下來肌膚老化就會加速。不管是淡妝或濃妝都需要卸妝，有上妝就要卸妝是天經地義、無可厚非的動作。

但如果擦的只是一般防曬霜，因不含化學防曬成分所以也就不需要卸妝。沒有化妝，自然臉上少了那一層人工添加物，皮膚是沒有負擔的，所以不用卸妝，才不會破壞保護皮膚平衡的皮脂膜。

(3)早晚的保養方式需要不一樣嗎？

想要把皮膚保養好，最重要就是要從平時養成良好習慣，每個人使用保養品的方式都不太相同，但是只要稍微改變保養方式，就能使肌膚問題獲得更好的改善。保養品的使用雖然沒有絕對的，但保養品的使用時機最好還是依產品特性，分成早晚來使用。尤其早晚溫差不同皮膚的動態變化也不同，白天的時候可以依照正常的基礎使用步驟，晚上的時候，則是可以使用能充分滋潤肌膚的產品。

早上：洗臉↓化妝水↓精華液↓乳液↓眼霜↓防曬乳或隔離霜

晚上：卸妝↓洗臉↓化妝水↓精華液↓乳液（乳霜）↓眼霜↓面膜

一般防曬產品要在白天用，乳霜類則要在晚上用！當然也有日霜及晚霜的分別。乳霜類的產品通常都比較滋潤，在冬天，尤其乾性膚質的確能達到很好的保溼效果。

(4)陰天、冬天需要防曬嗎？

這是一個非常肯定的答案！防曬其實是沒有分季節的，看不到陽光不代表沒有紫外線，一年四季都應該要做好防曬的工作。大多數的人在陰天或冬天時覺得沒有陽光，紫外線不強就不太重視防曬，但是卻不知道長波紫外線UVA仍然可以穿透雲層讓皮膚曬黑。尤其冬季肌膚代謝變慢，皮膚更新和修復的功能也變差。這個時候，肌膚如果受到紫外線長期照射，就會產生黑色素，造成膚色暗沉產生黑斑，而且不容易代謝出體外，皺紋也容易形成。

波長越長的紫外線UVA對我們人體雖然不會產生立即性的傷害，但是它產生的傷害是累積性的。雖然在室內、陰雨天或者冬天，由於紫外線UVB會被雲層減弱，因此皮膚對紫外線UVB的立即傷害會輕一點，感覺上紫外線對皮膚好像沒有威脅，但其實此時紫外線UVA，這種引起光老化和曬黑的主要光源還是一直持續存在對皮膚的傷害。

事實上，陰天、山上、海邊、雪地，即使陽光不強，還是可能曬傷。一年四季紫外線的增減變化其實不會太大，即使是在冬天紫外線強度還是不低，冬天時紫外線UVB的強度會較夏天低一點，但紫外線UVA的強度卻還是跟夏天差不多。在門診中，就有病患跟我說「過了一個冬天膚色反而更暗沉」，殊不知體感不明顯的傷害才是最可怕的，有時陰柔比陽剛更厲害，所以冬天做好防曬仍是不可輕忽的。

(5)化妝會阻塞毛孔，所以都不要化妝嗎？

化妝會增加整體美感，尤其現在的化妝品成分及製作技術進步，已做得非常細緻，延展性及透氣度都非常好，對皮膚也有保養的功效。但只要是化妝品，成分中就有許多的化學合成物質，覆蓋在臉上，或多或少對皮膚有一定的負擔，尤其敏感肌膚及油性肌膚的人更要小心。所以化妝對肌膚是一種挑戰也是一種藝術，要上淡妝或濃妝，除了依個人需求外，還要視個人膚質狀況而定，所以上妝產品的選擇及妝後卸妝的程序都非常重要，能上淡妝就盡量上淡妝，尤其敏感肌膚及油性肌膚的人。另外就是要盡量減少上妝的步驟，因為肌膚上塗的化妝品越少，刺激皮膚的機會就會越小，卸妝也越簡單。

化妝會阻塞毛孔，主因就是上濃妝及使用高係數防曬產品，而且卸妝及清潔做的不夠徹底，尤其油性、痘性肌膚毛孔較粗大，本身就容易卡粉，若上妝後卸妝及清潔做的不到位，就容易阻塞毛孔、長粉刺，進而發炎紅腫。因為痘痘肌患者本身肌膚毛孔受到阻塞，青春痘痤瘡細菌感染的機會就會增加，所以有青春痘的人最好少化妝。

若上了妝又不好好卸妝，隨時都會有爆痘的可能性，如果不想這樣的話，化妝後便要確確實實的做好卸妝工作，就可以減少化妝後的副作用而安心上妝。

(6) 抗老保養品可以早點開始使用嗎？

你可以成長但不能過度老化，抗老保養品讓你膚質升到頭等艙，烏鴉變鳳凰。大家都知道25歲是學理上老化的起點，肌膚狀態會慢慢開始走下坡，老化徵兆也開始不知不覺地產生。但是其實一出生就是老化的開始，尤其現在的後天環境汙染，人們生活作息不正常，壓力及飲食習慣西化，甜食、速食、重口味的酸、辣、鹹吃太多，所以近年來老化年輕化的趨勢非常明顯，很多人外表都比實際年齡老很多，也就是未老先衰。

抗老，其實不應該以身分證上的年齡來區分，應該以你實際外表的皮膚肌齡及膚質來做判斷。以皮膚科醫師的角度，正常的健康年輕肌膚，簡單保養即可，過度保養反而弄巧成拙，造成肌膚負擔，皮膚也會變得更糟糕。所有產品都是針對膚質及皮膚問題而設計的，雖然有的產品也有分輕齡肌或熟齡肌，基本上一般的抗老產品通常都會含較多種的油脂成分，產品質地都會比較油膩濃稠，年紀輕，皮膚油水比較平衡，使用抗老產品反而補充太多油脂會阻塞毛孔，由於油脂容易氧化，過多氧化的脂質在表皮上會破壞皮膚，導致肌膚受傷、發炎、長痘子，反而提早老化。

其實抗老保養品顧名思義就是用在老化肌膚，但是每個人在相同的年齡下，經過不同過程的保養或不保養，膚質狀況都會不一樣，尤其基本的清潔、保溼、防曬沒做好，老化就會特別快。並不是所有抗老產品都是專為年紀大的人設定的，也有專為年輕人因提早老化使用的清爽初老保養品，其實只要在成分劑型上選擇清爽、滋潤而不黏膩的即可，如果你已是顯老、臭老的狀況，就應該要趕快使用抗老保養品，加緊抗老保養，不僅要凍齡，更要返轉肌齡！

(7)面膜可以天天敷嗎？

答案是不一定！保溼面膜基本上可以天天敷，但如果你敷的面膜具有深層清潔的功能，這樣一週只能敷2次，但油性肌膚可敷3次、乾性肌膚建議敷1次就好。然而，每個人的肌膚性質都不一樣，還是要實際看看自己肌膚的屬性，若是它處在敏感狀態，如脫皮、紅腫、搔癢，就表示你的肌膚暫時不適合敷面膜，建議你還是要多觀察自己的肌膚變化來做調適。深層清潔、去角質，甚至美白抗老化等功能性的面膜，建議一週使用1到2次即可，基礎性保溼的面膜，一般膚質理論上可以天天使用沒有關係。

(8)有痘痘的人可以用面膜嗎？

當然可以！但不能敷太滋潤型的面膜，痘痘一族最怕的問題就是臉部油膩不清爽、表皮角質層很厚不容易去除，臉部痤瘡桿菌大量繁殖，結果黑白頭粉刺大量形成，發炎性的丘疹、膿皰一直跑出來，另一方面又怕臉部油水分泌不均，臉部會有缺水、保溼不夠的感覺，所以照顧痘痘肌膚的確比較麻煩。然而現在許多痘痘面膜的精華液都含有消炎、收斂、去角質和深層清潔的作用，對改善痘痘的情況都有輔助的效果。所以痘痘部位只要做好清潔、保溼、防曬就夠了，如果你的臉感覺很乾，就應該敷點保溼面膜。

(9)化妝品共用，你儂我儂，會有什麼問題嗎？

經濟共享、食物共享、有福同享是非常好的理念，但是有些東西共享可能就是病源的開始。一家人化妝品共享或閨密好友共享，你儂我儂，好像方便又省錢，其實不但不衛生，而且還有可能感染可怕的接觸性皮膚疾病。

常見的化妝品共用狀況有護唇膏、口紅、粉撲、眼影膏、睫毛膏、粉底、粉底刷、眼影刷等等，一切用在臉上的東西。當然在門診中所看到因共用化妝品來就診的民眾，造成皮膚感染的潛在危機，都是因為求方便或好奇他人的化妝品好用與否，才會與他人共用。然而更可怕的是購買開架式化妝品前，會有樣品供大家試用，如此不旦共用者更多，而且感染源更多、更毒。

化妝品和保養品都屬於私人用品，每個人使用的習慣不同，而且開封後若使用不當、放置不當、密封不當、保存不當，都容易使產品品質改變、顏色改變甚至受到汙染而長菌。

每個人的膚質狀況不同，所以使用化妝品的喜好也不一樣，喜歡的色澤、氣味也不相同，所以自己或他人所使用的化妝品都只適合個人使用，化妝品共用不當肯定會傳播皮膚疾病。很多的病源菌都是藏在使用過的化妝品內，尤其開架式供人試用的化妝品更是容易滋生病菌。常見危機有：

① 細菌、黴菌感染

口唇的菌是非常多的，當多人使用同一支護唇膏或口紅，就可能感染如嘴唇炎、第一型單純皰疹，也可能有真菌感染如青黴菌，紅毛癬菌，白色念珠菌等，甚至可能經口唇帶菌而感染呼吸道、消化道等傳染性疾病。

② 寄生蟲、細菌感染

若是多人試用眼影膏、睫毛膏、眼影刷，則可能會感染蝨蟲、結膜炎、眼瞼炎、沙眼等疾病。

③ 病毒、細菌感染

常用的粉撲、粉底、粉底刷等臉皮妝品更是許多病源的溫床，若是敏感肌膚、免疫力較低，或有傷口時，就很容易造成過敏接觸性皮膚炎，及金黃色葡萄球菌、綠膿桿菌等細菌性毛囊炎，甚至病毒感染，如常見的人類乳突病毒傳播扁平疣。

其中若感染到病毒第一型單純皰疹（HSV–1）或人類乳突病毒（HPV）扁平疣很不容易根治，不但會影響美觀，而且因長期不癒會造成心情低落。

在門診中常常會遇到因化妝品共用或試用造成皮膚感染的問題，其實一旦共用感染，後果都是非常困擾，有些疾病會反反覆覆不容易治癒。希望大家不要因為愛美或求方便而感染一輩子無法治癒的疾病。

避免共用化妝品注意事項：

①化妝品千萬不要借給他人使用，也不要向他人借來使用以免造成交叉感染。

②購買開架式化妝品前也不要試用非一次性丟棄式的化妝品。

③試用一次性化妝品前，應檢視產品到期日，打開試用品時，如顏色不均勻，或油水分離也不要試用。

2. 凍齡是可以努力的，皮膚科醫師分享抗老祕訣

試試皮膚科醫師壓箱底的辦法吧！近日流行的老臉 App 能製作出未來變老的

可能樣貌，娛樂效果十足，結果也可能讓人捏把冷汗。其實，凍齡是可以努力的，媒體朋友及門診病人都這樣說：「年過55歲的皮膚科醫師趙昭明看起來比實際年齡年輕」，在此分享我延緩肌膚老化的祕訣，包括沒下雨就跑步、多喝茶、多吃抗氧化蔬果、每日喝水 2000 cc～3000 cc 以及定時上床睡飽飽。

皮膚結構可概分為表皮層、真皮層、脂肪組織層與肌肉組織層。表皮的神經醯胺等保溼因子不足，可能造成乾臉與細紋，而經常情緒波動、表情變化大的人，這時更容易因為頻繁收縮而擠出抬頭紋、皺眉紋或魚尾紋。

真皮層含有膠原蛋白，但經常被陽光中的紫外線、吃太多重口味的食物或攝取過量糖分而破壞，造成兩頰、眼窩或夫妻宮凹陷。脂肪組織層與肌肉組織層則可能因為飲食所攝取的脂肪與蛋白質不足而發生萎縮，同樣會強化凹陷問題。

因此，要延緩肌膚老化，就必須反其道而行。愛美民眾平時應注重保溼，一旦臉乾就可以隨時補充化妝水或精華液，且注意情緒維持平穩、常保愉悅心境，盡量避免表情變化過大。運動與攝取充足水分則可促進血液循環與新陳代謝，維持肌膚緊緻，因此自己平日下診後，只要沒下雨就會到附近運動場慢跑40分鐘，同時每天喝足 2000 cc～3000 cc 的水。

飲食要均衡，脂肪與蛋白質都不能不足。自己常吃芭樂、番茄、奇異果、地瓜葉、高麗菜與菠菜等富含維生素C的食物，且過去二十多年來天天喝茶，這些吃法均有助抗氧化、延緩衰老。出門時會記得撐傘，藉由物理性防曬有效減少紫外線對皮膚的傷害。另外，讓自己每晚睡好睡滿，也有助肌膚修復與體內荷爾蒙分泌穩定規律，是凍齡關鍵之一。

❶ 多喝水：
水分充足，皮膚自然晶透有光澤
❷ 均衡飲食：
肌肉有彈性，皮膚亮白不老化
❸ 多運動：
促進新陳代謝，血液循環好，肌膚不鬆弛
❹ 要睡飽：
膚色不暗沉，不會豐潤黑眼圈
❺ 注重保溼：
皮膚不乾燥，肌膚光滑有彈性、沒細紋
❻ 保持愉悅：
氣色好有活力，膚色容光又煥發

▸凍齡祕訣圖

國家圖書館出版品預行編目資料

保養，從肌本做起：跟著皮膚科醫師打造動人美肌／
趙昭明著.－－初版一刷.－－臺北市：三民，2020
面；　公分.－－（養生智慧）

ISBN 978-957-14-6852-5（平裝）
1. 皮膚美容學

425.3　　　　109008558

養生智慧

保養，從肌本做起：跟著皮膚科醫師打造動人美肌

作　　者｜趙昭明
責任編輯｜陳苡瑄
美術編輯｜江佳炘

發 行 人｜劉振強
出 版 者｜三民書局股份有限公司
地　　址｜臺北市復興北路 386 號 (復北門市)
　　　　　臺北市重慶南路一段 61 號 (重南門市)
電　　話｜(02)25006600
網　　址｜三民網路書店 https://www.sanmin.com.tw

出版日期｜初版一刷 2020 年 7 月
書籍編號｜S410600
I S B N｜978-957-14-6852-5

三民書局